SQL

面试宝典

图解数据库求职题

猴子·数据分析

電子工業出版社
Publishing House of Electronics Industry
北京•BEIJING

内容简介

本书以SQL的基础知识为出发点，从SQL的简单查询、汇总函数、分组，到多表查询、窗口函数等SQL高级功能，逐一进行介绍与讲解，基本涵盖了学习SQL过程中需要掌握的主要内容。

本书最大的特色是结合大量的面试题，让读者清楚地了解如何用所学的SQL知识解决工作中的实际问题。第8章提供了从不同行业、不同岗位的业务场景出发的实战项目训练，便于读者在实践中学习，巩固SQL知识和技能，理解与掌握相关内容，并能够将其快速应用于实际工作中。

本书既适合零基础读者系统地学习SQL知识，也适合对SQL有一定了解的读者，对SQL的知识体系进行结构性、系统性的梳理，并了解不同行业中SQL的应用实践方法，练习SQL的操作，积累相应的经验。

图书在版编目（CIP）数据

SQL面试宝典：图解数据库求职题 / 猴子，数据分析团队著 . —北京：电子工业出版社，2023.10
ISBN 978-7-121-46158-3

Ⅰ.①S… Ⅱ.①猴… ②数… Ⅲ.①关系数据库系统 Ⅳ.①TP311.132.3

中国国家版本馆CIP数据核字（2023）第157671号

责任编辑：石　倩
印　　刷：北京天宇星印刷厂
装　　订：北京天宇星印刷厂
出版发行：电子工业出版社
　　　　　北京市海淀区万寿路173信箱　　邮编：100036
开　　本：720×1000　1/16　印张：18.5　字数：350.4千字　彩插：1
版　　次：2023年10月第1版
印　　次：2023年10月第1次印刷
定　　价：109.00元

凡所购买电子工业出版社图书有缺损问题，请向购买书店调换。若书店售缺，请与本社发行部联系，联系及邮购电话：（010）88254888，88258888。

质量投诉请发邮件至zlts@phei.com.cn，盗版侵权举报请发邮件至dbqq@phei.com.cn。

本书咨询联系方式：faq@phei.com.cn。

推荐序

在当今的数字化时代，数据分析已经成为各行各业的必备技能之一，而 SQL 作为数据分析的重要工具之一，更是在互联网行业中得到了广泛应用。

同时，随着互联网市场的不断发展和壮大，各家公司也对 SQL 技能和数据分析能力提出了越来越高的要求。因此，熟悉互联网大厂的 SQL 面试题显得尤为重要。

本书正是针对这一需求而编写的。

本书分为两个部分：第 1 ~ 7 章是 SQL 语法和操作的基础知识及相关面试题，其中包括 SQL 的基本语法、常见的 SQL 操作、数据类型和函数等；第 8 章则是针对实际应用场景的案例分析和解析。

值得一提的是，本书并不仅仅是一本针对面试的指南，它也是一本对 SQL 技能入门和提高非常有帮助的工具书。无论是初学者还是有一定经验的 SQL 爱好者，都可以通过阅读本书并不断练习来掌握和提高 SQL 技能，同时更好地应对互联网大厂的面试挑战。

最后，感谢你选择阅读本书。我们希望这本书能够成为你在 SQL 入门和面试方面的得力帮手，也希望你在学习和实践中能够不断提高自己的技能，取得更加优异的成果。

——Chat GPT，AI 对话机器人

前言

亲爱的读者朋友：

我是猴子。

现如今，大多数的行业、岗位越来越多地需要与数据打交道。面对海量数据，能够快速分析，已经成为各个岗位必备的工作技能。无论是管理者，还是基层员工，都可以通过数据了解公司及业务的经营状况，以便更精准地了解当下问题，做出正确的决策。

在大数据时代，公司的海量数据不是存放在 Excel 中，而是存放在数据库中，对数据库中的数据进行有效提取、查询、分析的最有效的工具就是 SQL。

所以，在数据相关的求职面试中，SQL 成了必考的知识点。

为了帮助求职者顺利拿到 Offer，我带领各行业的作者一起编写了本书，囊括了最全的 SQL 面试题。

本书的作者团队是一群活跃在各行业的一线职场人，他们将自己对 SQL 的理解，以及工作中对 SQL 运用的实战经验倾囊相授，最终融合成本书的知识。

因为本书主要讲解 SQL 面试题，所以需要读者学过 SQL 基础知识后再来阅读本书。如果还没学过 SQL，学习猴子老师的 SQL 课程可以快速入门。

本书特色

可能有些读者会问，市面上的 SQL 相关图书众多，网上获取 SQL 知识的渠道也层出不穷，那这本书面世的意义何在呢？我为本书总结出三大特色。

首先，正所谓“不积跬步，无以至千里；不积小流，无以成江海”，扎实的基础是学习任何进阶知识的前提。编写本书的初衷就是让学过 SQL 的新手，了解到工作中的常见问题是如何通过 SQL 解决的，真正做到“学以致用”。

其次，本书的另一个特色是将每个 SQL 知识点融入面试题中，帮助读者快速通过 SQL 面试。为了使读者更容易看懂 SQL 面试题，每个面试题均采用“案例分析 + 图文配合 +SQL 语句”的形式进行讲解。

最后，本书的面试题加上作者的亲身实战，所涉及的实战解法基本能够解决读者面试中遇到的 90% 的 SQL 问题。

我们相信，从实战角度去学习 SQL，其场景的复杂性、知识的综合性，也必将带给读者更多的思考，对读者灵活运用 SQL 基础知识也大有裨益。只有这样边学习、边实战地“沉浸式”学习 SQL，才能真正学习到它的精髓。

本书内容

全书分为 8 章，各章的主要内容如下。

第 1 章介绍面试流程。面试流程作为第 1 章，是因为我们需要向读者明确学习本书的目的之一——为你的求职面试助力。

第 2 章梳理应聘者面试时所要具备的 SQL 知识，从整体上了解 SQL 面试要点，涉及的 SQL 知识会在后面几章逐步展开讲解。

第 3 章介绍 SQL 简单查询和汇总分析相关的面试题。

第 4 章介绍 SQL 复杂查询相关的面试题。

第 5 章介绍 SQL 多表查询相关的面试题。

第 6 章介绍 SQL 窗口函数相关的面试题。

第 7 章介绍 SQL 高级功能相关的面试题，包括存储过程、自定义变量等 SQL 高级功能。

第 8 章介绍各行业、各岗位的实战项目，让读者体验真实工作里是如何用 SQL 解决实际问题的。

本书数据下载

各章节涉及的数据，可以通过关注公众号“猴子数据分析”，在其中回复关键词“资料”进行下载。本书的 SQL 语法基于 MySQL 数据库。下载后的数据是 Excel 格式的，可以使用数据库客户端（Navicat 等）工具，通过可视化界面导入数据库中。

遗漏问题说明

由于时间和精力有限，本书难免有考虑不周之处。读者如果发现任何问题或者有关于本书的任何建议，可以在公众号“猴子数据分析”中留言，与我们联系。未来，我们将持续收集你们提供的优秀内容，并将其增补到本书的下一版中。

致谢

特别感谢蜜度校对通在本书编写过程中，提供文字差错与不规范表述的检测与校对服务。

本书作者

本书作者均具有多年的 SQL 实战经验，排名不分先后。

猴　子　中国科学院大学硕士，曾就职于 IBM，知乎高赞答主，科普中国专家，著有畅销书《数据分析思维：分析方法和业务知识》。擅长数据分析思维方法、Excel、SQL、Python、Power BI。“猴子数据分析训练营”品牌创始人，独创“学练结合，即学即用”授课模式，深受学员喜欢。公众号“猴子数据分析”主理人。

韩　毅　同济大学硕士，从事信息检索与数据分析工作，聚焦于数字政府、智慧城市、智能营销等场景的应用与实践。

曹　彬　苏州大学硕士，在本地生活、商业查询等行业从事过数据分析和策略分析工作。目前负责数据分析团队管理，擅长业务问题专项分析、策略效果分析、数据监控体系搭建、A/B 测试。

王国荣　中国人民大学硕士，在快消行业负责产品策略与运营 10 多年。现为快消行业数据分析师，擅长指标体系搭建，通过指标分析、多维度分析等发现经营中的问题及机会，帮助企业决策。

陆冰婷　地产经纪行业数据分析师，负责搭建业务指标体系与输出经营分析报告，提供业务管理策略及落地支持。

曾　燕　中国海洋大学硕士，BI（Business Intelligence，商业智能）报表工程师，数据分析师。负责数据仓库建模设计、BI 报表开发，以及市场调研、项目启动、测试与推广等各个阶段的数据分析工作。

杨叔潼 毕业于华中科技大学，在零售行业从事数据分析工作，负责商品销售利润分析。擅长数据指标体系搭建、产品销售专项分析。

唐亦六安 对外经济贸易大学硕士，金融行业运营分析师，负责项目各个阶段的数据分析工作，擅长计划拆解、策略分析，以及运用 SQL 实现快速查询。

王小勤 目前在一家手机生产商的 IT 流程部门，负责华为 ERP 项目的后台测试工作，主要负责项目中计价模块及区域数据切换的测试工作。擅长使用编程自动化脚本对需求数据进行自动化监控。在工作中，大量使用 SQL 提取需求数据，验证产品需求。

沈仁和 担任跨境电商公司市场运营分析师。日常工作中，从专项分析项目、指标体系建立，到数据仓库建表，都要用到 SQL。

高阿林 上海大学硕士，在通信和车联网行业数据分析领域有丰富经验。擅长数据分析指标体系、业务分析框架搭建及数据可视化，能够运用多种分析方法、模型，把握分析结果，提出业务优化策略。

邢　闪 毕业于西安石油大学，现就职于中海油能源物流有限公司上海分公司。从事经营管理多年，通过数据分析提高了工作效率。

杨　芳 毕业于山西医科大学，现就职于山西省肿瘤医院。从事临床医学及医学管理多年，擅长医疗数据的处理和分析。

目录

[面试题] 目录

第 1 章 面试流程

01

本章主要介绍如今需要具备 SQL 应用能力的岗位有哪些，以及在这些岗位求职过程中，简历的准备、笔试环节、面试环节的基本流程与注意事项。帮助读者从全景视角了解相对完整的面试流程。

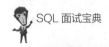

1.1 哪些职位需要用 SQL

在传统印象里，SQL 是一串串的代码字符，很多人错误地以为：只有研发岗位的程序员才需要跟这些看不懂的字符打交道。

然而，随着数字化时代的到来， SQL 这个词变得耳熟能详，为什么这么说呢？

如图 1.1 所示，回顾近 10 年百度指数的数据，关键字“SQL”的搜索热度总体趋势逐年增长。到这里，你可能会问了：为什么现在 SQL 变得这么热门？

图 1.1 关键字“SQL”的搜索热度趋势（数据来源：百度指数）

熟练应用 SQL，从一项只需要少数研发岗位（如数据库管理员）掌握的能力，逐渐地“飞入寻常百姓家”，向通用的职业基础能力演变。

如果你打开各大求职平台就会发现，从研发工程师到数据分析师，从用户研究到商业分析，从产品经理到产品运营，在这些热门职位的介绍中，都能看到“精通 SQL”“熟练使用 SQL”等要求，如图 1.2 所示。

图 1.2 要求“SQL”能力的部分职位描述（数据来源：BOSS 直聘）

现在，SQL 已经像 Office 办公软件一样，成为职场的通用技能要求。为什么各个岗位都在要求应用 SQL 呢?

因为在大数据时代，企业的数据是存放在数据库里的，而从数据库里获取和分析数据的工具正是 SQL。所以，只要你需要进行数据分析，就离不开 SQL。

熟练掌握 SQL，能够在你的能力工具箱里增加一种工具，用来解决更多、更复杂的问题。例如，我的同学现在是一名中学教师，擅长使用 SQL 分析班级学生的考试成绩和得分情况，以数据的分析结果为依据制定教学方案，无论是学生家长还是学校领导都对他刮目相看，正是凭着这一项能力，近几年的职位上升很快。

所以，通过积累自身的非对称优势，让自己在职场中获得比同龄人更多“被看见”的机会，提升职场竞争力，升职加薪也就是水到渠成的事情了。

1.2 简历的准备

获得面试机会的关键前提是一份能吸引面试官注意力的简历。假设你是面试官，什么样的简历会更吸引你?

至少应该具备以下两个特征。

（1）简历中的项目经验或工作经历与岗位要求的相关度高。

（2）简历描述体现面试者思维缜密、逻辑清晰，一眼就能找到重点内容。

在投递简历时不要犯懒，切忌“一张简历闯天下”，这样做不仅会极大地降低简历通过筛选的概率，也是在浪费自己的机会和时间。

你需要仔细阅读职位说明中的公司行业、业务场景和对求职者的要求等信息后，有针对性地调整简历中的内容，尤其是 SQL 项目经历应与投递职位相关。

写好的简历需要以 PDF 格式保存，避免因为 HR 或者面试官在不同电脑中打开出现错乱。建议以“姓名 + 岗位名称”的方式对简历命名，如“张三 + 运营”。如果需要通过邮件的方式投递，那么一定要把简历直接附在邮件的正文中，方便面试官打开邮件时就能阅读到你的简历，无论当时他使用的是电脑还是移动设备。

1.2.1 什么样的项目经验才真正有用

俗话说，“到什么山头唱什么歌”，花一些时间打开意向公司的官网，了解一下这个公司的细分行业是什么，主要产品有哪些，开展了哪些核心业务，等等，这样不仅能让你的简历更加亮眼，面试时也能知己知彼，与面试官交流时才能更加从容不迫。

简历中的项目经验要与应聘公司的主营业务相关。比如，如果投递的是电商行业的相关岗位，那么项目经验就要与商品统计、购买行为分析等相关；如果投递的是金融行业的相关岗位，那么项目经验就要与风险管理、风控策略的分析相关。

下面我们以一个具体的招聘岗位为例来说明如何让简历中的项目经验贴合岗位需要。

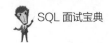

图 1.3 所示为一则数据产品经理的招聘信息，通过查看公司的官网介绍，可以知道该公司的核心业务是电商。

图 1.3　某个数据产品经理的招聘信息

仔细看这个职位的描述。

- 参与规划公司前端应用数据埋点及数据规范。
- 结合公司产品及用户特性，对电商数据埋点产品线进行产品规划、设计及开发跟进。

通过以上的职位描述，你可以确定，在简历的项目经验描述中，需要重点突出你在电商行业的经验，以及在产品埋点、指标体系搭建、用户购买行为等方面的经验。

在职位要求里有：

- 具备 SQL 编写经验者优先；具备较丰富的项目管理经验。

通过这个职位要求，你可以确定，在项目经验描述中不仅要体现 SQL 的应用能力，也要强调如何协调项目参与人员，如何进行跨部门的对接与沟通，如何有效管理任务进度、项目里程碑，等等。

1.2.2　如何写好项目描述

每一个公司招聘的目的都是希望找到合适的、能够解决实际问题的人才，简历中的 SQL 项目描述要突出你的思维逻辑，避免进行工作内容描述的堆叠与冗余。

X 错误示范

项目名称：线上店铺用户行为分析

项目描述：

参与线上店铺用户行为分析，用 SQL 对数据进行清洗和分析，得到用户流失率、复购率等数据，并分析其中的原因，形成详细的分析报告和建议。

上述的项目描述更多地展示了“我做过什么”，是工作内容描述的堆叠，并没有体现出亮点。

一个好的项目描述应该包括下面 3 点，才能马上吸引 HR 或者面试官的眼球。

（1）我做了什么？（解决了什么问题）

（2）我是如何做的？（用什么方法和工具解决的问题）

（3）我做完后取得了哪些成绩？（能用数据展示你的工作成果）

我们应用以上 3 点，优化上述案例的项目描述。

✔ **正确示范**

项目名称：线上店铺用户行为分析

项目描述：

为了分析线上店铺的用户行为，建立指标体系，使用 RFM 分析方法和 SQL 工具，寻找导致用户流失最频繁的购买环节，以及复购率下降的原因。指导业务部门和产品部门有针对性地在产品功能和营销宣传策略方面进行调整。调整后 3 个月，通过复盘发现，用户流失率下降 10%，复购率增长 3.9%，收入增加 2.8%。

有些读者可能会担心，我工作没多久，甚至刚刚毕业，哪里有这么多相关的项目经验可以写呢？

不用担心，在本书的第 8 章，就会带你应用各行业的项目实战，你就可以把学到的项目实操过程写在简历中，成为自己的项目经验。

1.3　笔试环节

大公司在面试时都会设置笔试环节，有的公司在面试者一到场时，就会先递上一份试题；有的会先简单聊一会儿，再要求做试题；也有一些是在面试的最后环节，要求做一份试题。

为了帮助你顺利通过笔试环节，本书编排了大量的 SQL 面试题。

如果是初学者，可以先按章节顺序学习 SQL 知识，再做题，这样既可以检验前面的学习是否扎实，也能够对常见面试题的类型和解题思路有所了解。如果已经拥有一定的 SQL 基础，则可以直接尝试完成面试题，再通过书中 SQL 知识的讲解查漏补缺，巩固对 SQL 的理解和掌握。

在学习本书内容时，要有意识地练习手写 SQL 语句，包括常用语句的拼写、格式细节，尤其要注意书写的工整和规范。

因为，在大多数情况下的SQL笔试，都不会提供一台电脑让你输入代码，而是给你几张白纸，要求用笔把 SQL 语句写在纸上，如图 1.4 所示。如果没有刻意地练习和准备，很难习惯和适应这种方式，有可能提笔忘字，一身才华无法施展。

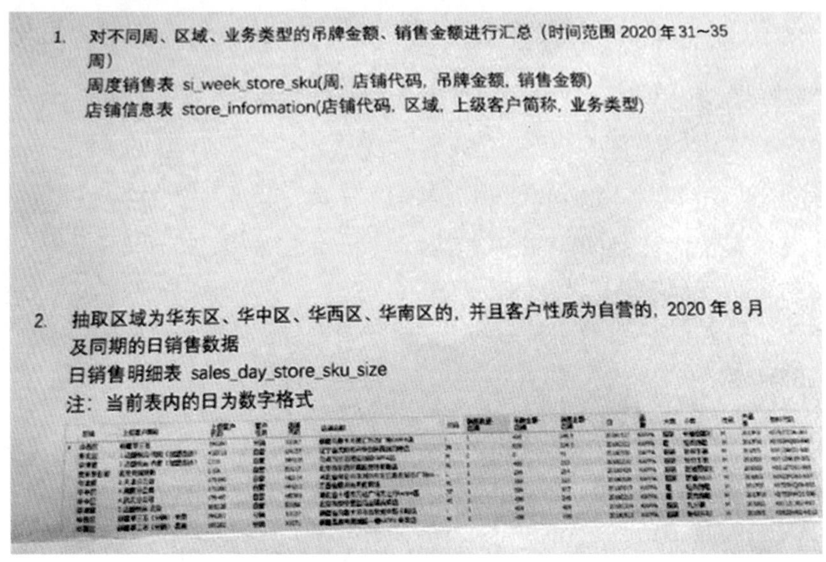

1. 对不同周、区域、业务类型的吊牌金额、销售金额进行汇总（时间范围 2020 年 31~35 周）
   周度销售表 si_week_store_sku(周, 店铺代码, 吊牌金额, 销售金额)
   店铺信息表 store_information(店铺代码, 区域, 上级客户简称, 业务类型)

2. 抽取区域为华东区、华中区、华西区、华南区的，并且客户性质为自营的，2020 年 8 月及同期的日销售数据
   日销售明细表 sales_day_store_sku_size
   注：当前表内的日为数字格式

图 1.4　SQL 笔试试卷案例

1.4 面试环节

简历被通过后，确定好了面试时间，一定要如期赴约，不要迟到。最好提前 15 分钟抵达面试现场，如果要调整时间或临时取消，一定要提前告知和你联系的 HR 或面试官，并说明原因，这是面试官判断一个人是否靠谱的基本要求。相信我们每一个人，都不愿意与一个不能给予确定性和信任感的人共事。

1.4.1 面试官了解面试者

面试一般是以面试者的自我介绍开始的，是给面试官塑造第一印象的关键。自我介绍时说清楚“我是谁”“我的学习和工作经历”“我做过什么，成绩如何”“我与当前岗位的匹配度”。

我们还是以 1.2 节招聘的“数据产品经理”岗位为例，自我介绍可以这样说：

您好，我叫 ×××，硕士毕业于 ××× 大学。毕业后第一年，在一家广告公司参与一款广告投放产品的设计与开发。2019 年至今，在一家鞋类垂直电商公司，独立负责用户数据体系的搭建和产品埋点。通过对产品数据的分析和策略规划，用户复购率提升了 1.8%，直接销售额增加了 12%。希望凭借我在电商行业的数据体系规划和分析能力，也能够帮助贵司提升业务效益和用户黏性。

1.4.2 考查面试者能力与简历的匹配度

在这一环节，面试官主要考查面前这个人和简历中描述的是否一致。尤其希望对简历中的项目经历有更加全面和深入的了解，搞清楚某个项目是干什么的，怎么干的。

面试官一般会针对简历中的项目经历进行提问，所以在面试前一定要对写在简历中的项目了然于胸。

比如，面试官会问：

我们来谈谈简历中“线上店铺用户行为分析”这个项目吧。

- 项目有多少人参与？当时是怎么分工的？你的角色是什么？（考查对项目的熟悉程度）
- 整个项目过程中遇到过什么问题？怎么解决的？（考查实际执行能力）
- 我理解这个项目是通过对用户的分析来调整推广策略，可以这样理解吗？（确认是否搞清楚了项目的业务目的，或进一步了解项目做了什么）
- 你觉得这个项目有哪些不足？（考查项目复盘的思路）
- 如何用 SQL 进行复购分析？（考查 SQL 相关知识）

这一环节回答的问题是对实践项目的业务进行抽象的描述，因为面试官对你的项目一无所知，要让他在最短的时间里明白这个项目是干什么的。

唯一要记住的是，不要为了包装自己而夸大其词，甚至说谎，身经百战的面试官很容易通过环环相扣的问题和面试者的眼神、动作察觉到面前的人是诚实正直还是在投机耍滑。

面试的全过程都要与面试官保持积极的沟通和互动，无论自己在面试中表现得好与坏，都不必表现得自傲或自卑。

1.4.3 考查业务能力

这一环节面试官主要考查面试者的分析思维和逻辑能力，从而判断面试者能否胜任这个岗位。面试官会跳出你的简历所写的内容，跳出你准备的或者熟悉的内容，询问一些与这个岗位应该具备的业务能力相关的问题。

常见的问题包括以下几类。

- 分析原因类，给出一个业务中遇到的问题，要求分析问题的原因。

例如，春节期间某产品的使用率明显下降，你会如何分析其原因？

- 解决问题类，给出一个场景，要求提出解决方案的思路。

例如，在“双十一”到来前，如何快速锁定产品的核心用户并促进用户对产品的传播？

- 询问经验类，结合岗位特点和简历中的经历，询问相关经验。

例如，我看到你在金融风控行业有一段时间的工作经历，你在风险分析方面是怎么做的？

在这个环节，面试官想听到的并不是最后的正确答案，可能也没有正确答案，而是想听到你对问题的分析思路和表达逻辑。回答问题时不要着急，可以先思考一会儿再回答。

面试官提问后，可以先回应面试官："请给我 5 分钟，我梳理一下思路"，然后在纸上写下回答时有几个要点、回答的顺序、分析思路图。

在向面试官展开说明时，语速不宜过快，以与面试官沟通、交流的方式回答问题，也可以尝试和面试官进行简单互动。

在问题回答完成以后，以开放性的话语作为结尾，如"这是我的想法，您再给一些指导吧"或者"我想听听您的看法"，这样面试官很容易就能把话接过去，像传球一样，展开互动。

1.4.4 面试者提问

在面试的最后，面试官一般会问面试者有什么问题，这时一定不要着急问薪资待遇、是否加班等问题，这些问题留着跟 HR 谈。也不要在这个时候跟面试官针对前面的某一个问题或者笔试题目展开争论。

可以抓住机会向面试官询问以下几个方面的问题。

（1）了解团队与个人发展前景。

（2）了解今后具体的工作任务和人际环境。例如，我会参与到哪些工作中，和谁一起共事?

（3）了解面试官或公司对自己能力的预期。例如，公司希望我在两个月后达到什么水平?

（4）了解个人在公司各业务线中的位置，是核心还是边缘，未来发展机会的好坏。例如，公司业务未来有哪些发展计划，我能够参与其中的有什么?

（5）请求评价和虚心请教。例如，您对我刚才的面试表现如何评价，有哪些亮点和不足?

（6）了解自己在面试官面前所展现的出色或不足的方面。例如可以反问面试官：刚才那道题您有什么更好的思路吗?

（7）扩展思路，了解问题更多的解法，展现自己谦虚的一面。例如，您对一个即将加入公司的新人有什么建议?

（8）了解公司的一些隐性要求。

第 2 章 面试需要的知识

02

第 1 章介绍了掌握 SQL 技能在工作中的重要意义，以及相关岗位面试的基本流程，相信你已经迫不及待地要开始 SQL 的学习了。本章我们来聊聊 SQL 语句分类、常见考点和解题思路。

2.1 SQL 语句分类

从语句定义来划分，SQL 语句一共分为 3 类：数据定义语言（DDL）、数据查询语言（DQL）、数据操纵语言（DML）。

2.1.1 数据定义语言（DDL）

这类语句用于对数据库、数据表的相关操作，如创建表、修改表结构、删除表。

SQL 关键字如下。

- create 表示创建数据表。
- alter 表示修改数据表。
- drop 表示删除数据表。

使用这些关键字的 SQL 语法如下。

- 创建数据表

```
create table 表名称 (
字段名称 字段类型 [Default 默认值 ]
字段名称 字段类型 [Default 默认值 ]
...);
```

- 修改数据表

```
alter table <表名>
alter column <字段名> <字段类型(长度)>;
```

- 删除数据表

```
drop table <表名>;
```

2.1.2 数据查询语言（DQL）

这类语句用于数据库的查询，是在实际工作学习中使用最多的 SQL 语句，也是面试时的重点，在后面几个章节会重点介绍数据查询语言的使用。

SQL 关键字如下。

- select 表示查询结果。
- from 表示从哪个表中查找数据。
- where 表示查询条件。

例如，从学生表（student）查找姓名（name）是猴子的同学的学号是多少？

```
select 学号
from student
where 姓名 =' 猴子 ';
```

2.1.3 数据操纵语言（DML）

这类语句主要用于数据的增加（往表中新增数据）、删除（删除表中的数据）、修改（修改表中的数据）。

SQL 关键字如下。

- insert 表示向表中插入数据。
- update 表示对表中数据进行修改。
- delete 表示删除表中数据。

使用这些关键字的 SQL 语法如下。

- 数据插入

```
insert into 表名 ( 字段 1, 字段 2,...)
          values( 数值 1, 数值 2,...);
```

- 数据修改

```
update 表名
set 字段 1= 数值 1
where 条件;
```

- 数据删除

```
delete from 表名
where 条件;
```

2.2 常见考点

2.2.1 简单查询

难度指数 ★

这个类型的题目主要考查的是 SQL 的基础知识，是面试中比较基础的考题。

考查知识点：

- 基本查询语句如何写？
- 数据清洗常用的 SQL 语句如何写？例如查找空值（缺失值）、重命名列名、去掉重复数据等。

• SQL 语句的书写规则是什么?

2.2.2 汇总分析

难度指数 ★

汇总分析在工作里经常要用到，比如分析每个部门的销售业绩。这个类型的题目主要考查如何用 SQL 进行汇总分析。

考查知识点:

• 汇总函数、分组汇总、SQL 书写顺序和运行顺序。

2.2.3 复杂查询

难度指数 ★★

在实际工作中，很多时候业务比较复杂，这就需要用 SQL 来实现复杂的业务需求。

考查知识点:

• 子查询、临时表 with...as、视图、case 表达式（用于多条件判断）。

2.2.4 多表查询

难度指数 ★★★

当需要查询的数据在多个表中时，就需要用到多表查询。

考查知识点:

• 连接的类型（左连接、右连接、内连接等）、多表连接 SQL 语句的写法。

2.2.5 窗口函数

难度指数 ★★★★

SQL 的窗口函数是工作里最常用的，属于难题里的必考题，需要重点关注。

考查知识点:

• 如何用窗口函数解决排名问题、Top *N*（排名前 *N*）问题、前百分之 *N* 问题、累计问题、每组内比较问题、连续问题。

2.2.6 SQL 高级功能

难度指数 ★★★★

SQL 还提供了一些更加复杂的高级功能，这些功能对解决复杂业务需求很有帮助，面试中偶尔也会考到。

考查知识点：

- 存储过程、自定义变量、日期时间函数等。

以上是面试的常见考点，也是本书第 3 章 ~ 第 7 章的主要内容，我们会通过面试题来详细介绍相关知识点。

2.3 解决面试题的思路

在了解了常见的 SQL 语句分类和常见考点后，就相当于有了地图导航，知道学习 SQL 的哪些知识点，才能顺利拿到 Offer。

有了地图导航还不够，因为在遇到实际的面试题时，你还需要知道正确的解题思路。所以本节主要介绍如何解题，教你如何一步步得到最终的答案。

SQL 面试题，可以用下面的 5 步法来解决。

2.3.1 解题步骤

1. 读懂问题，画出查询结果表

将问题的意思理解透彻，想象 SQL 查询结果表长什么样子。

读懂问题非常关键，但是却被很多面试者忽略掉。在实际的面试中，一般会有做题时间限制。很多时候，面试者会一上来就想如何写 SQL 语句，而不是先去理解问题，从而导致面对问题无从下手。

2. 拆解问题

有时面试题中的问题比较复杂，我们需要将问题拆解为多个部分，逐一击破。

3. 找出考点

问题拆解好之后，我们要根据问题点来找到对应的考点，看题目具体考查的是 SQL 哪些方面的知识，就是 2.2 节对应的知识。

4. 分步实现

根据问题对应的知识点，写出分步实现的 SQL 语句。

5. 组合实现

将分步实现的 SQL 语句组合在一起，形成最终的 SQL 语句。

以上是解题的 5 个步骤，下面我们通过一个案例来演示，如何用这 5 个步骤来解答面试题。这个案例中若有不懂的 SQL 知识，也不要害怕，我们会在后面对应章节进行讲解。你只需要通过这个案例，理解清楚如何用 5 步法来解答 SQL 面试题的大体思路就可以。

2.3.2 【案例】用 5 步法解题：房源评分统计

表 2.1 所示为各城市房源的评分表，表名为"评分表"，含有 3 个字段：房源号、城市、分数。求分数（满分 10 分）在 0-5 分、5-7 分、7-9 分、9 分及以上的分别有多少个房源？

表 2.1 评分表

房源号	城市	分数
001	深圳	5
002	北京	8
003	上海	1
004	北京	9
005	北京	10
006	深圳	10
007	深圳	3
008	深圳	7
009	上海	6

【解题思路】

1. 读懂问题，画出查询结果表

这道面试题是想找出不同分数段的房源有多少，那么我们可以想象着画出 SQL 查询结果表，如表 2.2 所示。

表 2.2 查询结果表

分数区间	房源个数
0-5	
5-7	
7-9	
9+	

2. 拆解问题

为了得到最终的查询结果表，我们可以将问题拆解为下面几个部分。

（1）将"评分表"按照 0-5 分、5-7 分、7-9 分、9 分及以上 4 个区间进行分组。

（2）对每个区间的房源进行计数。

3. 找出考点

通过问题拆解，可以发现这个题目是"分区间问题"，考查的 SQL 知识是"复杂查询"里多条件判断的 case 表达式。

4. 分步实现

（1）将“评分表”按照 0-5 分、5-7 分、7-9 分、9 分及以上这 4 个区间进行分组。

“分区间问题”的本质是多条件判断，要想到用 SQL 里的 case 表达式知识来实现。

case 表达式的用法如下。

```
(case when 字段1 > 值1 then 新值1
      when 字段1 < 值1 then 新值2
      else 新值3 （可省略）
end) as 别名
```

翻译过来就是当字段1 >值1时，取新值1 ；当字段1 <值1时，取新值2；当字段1 =值1时，取新值3。

对应这个面试题，代码如下：

```
(case when 分数<5 then 房源号 end) as '0-5',
(case when 分数>=5 and 分数<7 then 房源号 end) as '5-7',
(case when 分数>=7 and 分数<9 then 房源号 end) as '7-9',
(case when 分数>=9 then 房源号 end) as '9+'
```

（2）对每个区间的房源进行计数。

在第（1）步的 SQL 语句中，每个 case 表达式前面加上计数函数 count()，用于统计每个区间的房源数量。例如，区间 0-5 的房源数的代码如下：

```
count(case when 分数<5 then 房源号 end) as '0-5',
```

对应的逻辑关系如图 2.1 所示。

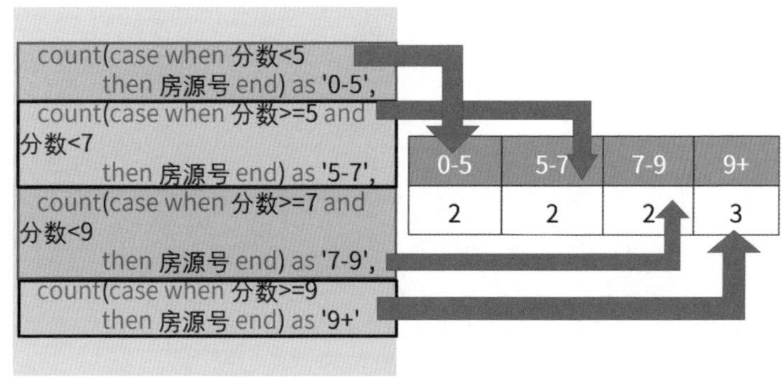

图 2.1　对应关系

5. 组合实现

把前面两个步骤的 SQL 语句组合在一起，就是完整代码，如下所示：

```
select
count(case when 分数<5 then 房源号 end) as '0-5',
count(case when 分数>=5 and 分数<7 then 房源号 end) as '5-7',
count(case when 分数>=7 and 分数<9 then 房源号 end) as '7-9',
count(case when 分数>=9 then 房源号 end) '9+'
from 评分表;
```

查询结果如表 2.3 所示，将其填充至题目所要求的“查询结果表”中即可。

表 2.3 查询结果表

0-5	5-7	7-9	9+
2	2	2	3

这样你就通过 SQL 解题的 5 个步骤得出了面试题答案。以上就是针对一个真实面试题的全部解题步骤。

在面试中，拿到任何题目都不要慌张，先思考最终结果是怎样一个展现，然后根据最终结果一步步拆解找出对应的知识点，分步实现，最终整合完成。同样，这个解题步骤也适应于解决工作里的实际业务问题。

本章主要介绍面试中考查的主要知识点和解题思路，后面的章节会针对每个知识点进行更加详尽的介绍，同时也有实战的面试题库来帮助读者练习。

第 3 章 简单查询和汇总分析

03

本章介绍第2章2.2.1节“简单查询”和2.2.2节“汇总分析”相关的知识与面试题。

3.1 简单查询

这个类型的题目主要考查的是 SQL 基础知识，是面试中比较基础的考题。

考查知识点：

- 基本查询语句如何写？
- 数据清洗常用的 SQL 语句如何写？例如查找空值（缺失值）、重命名列名、去掉重复数据等。
- SQL 语句的书写规则是什么？

3.1.1 基本查询语句如何写

“查询”是 SQL 最基础的语句，也是学习 SQL 的入门之选。本节你将学习到如何用正确的 SQL 语句的书写规则去查询表中的数据，并对表中字段进行简单的处理，如字段的重命名、删除重复数据、字段的合并等。

SQL 基本查询语句的语法如下：

```
select  列名 , 列名 ,...
from  表名
where 列名 = 条件 ;
```

- select 表示查询结果。
- from 表示从哪个表中查找数据。
- where 表示查询条件。

3.1.2 数据清洗常用的 SQL 语句如何写

1. 查找空值（缺失值）

在实际的数据处理场景中，经常会遇到数据为空值的情况，如何用 SQL 查找出空值呢？

在 SQL 中，is null 语句用于查询空值，如果表中某一列中的数据值为空值，则表示满足查询条件。相反，is not null 语句用于查询非空值，如果表中某一列中的数据值不是空值，则表示满足查询条件。

面试题 1：查找空值

【题目】

在表 3.1 中，找出姓名为空值和不为空值的教师信息。

表 3.1　教师表

教师号	教师姓名
0001	猴子
0002	小明
0003	

【解题思路】

找出姓名为空值的教师信息，SQL 语句的书写方法如下：

```
select *
from 教师表
where 教师姓名 is null;
```

查询结果如表 3.2 所示。

表 3.2　姓名为空值的教师信息

教师号	教师姓名
0003	

找出姓名不为空值的教师信息，SQL 语句的书写方法如下：

```
select *
from 教师表
where 教师姓名 is not null;
```

查询结果如表 3.3 所示。

表 3.3　姓名不为空值的教师信息

教师号	教师姓名
0001	猴子
0002	小明

2. 重命名列名

需要在 select 子句中给对应列名用 as 关键字来定义一个新列名，语法如下：

```
select 列名 , 列名 as 新定义列名 ,...
from  表名
where 查询条件 ;
```

3. 去掉重复数据

（1）在使用 SQL 对数据进行提取和分析时，我们经常会遇到数据重复的场景，有时候，需要根据业务场景，对数据进行去重后分析。

想要在 SQL 查询结果中去掉重复数据，需要用到 distinct 关键字，语法如下：

```
select  distinct 列名 1, 列名 2, ...
from  表名；
```

在使用 distinct 关键字去掉重复数据时，需要特别注意：distinct 语法规定，在对单字段、多字段去重时，必须放在第一个查询字段前。

例如，在学生表中，去掉学号和姓名重复的数据，若 SQL 语句书写为：

```
select  distinct 学号，distinct 姓名
from 学生表；
```

运行后会提示语法错误，正确的 SQL 语句的写法为：

```
select  distinct 学号，姓名
from 学生表；
```

（2）如果对表中多列字段进行去重，那么去重的过程就是将多字段作为整体去重，比如上面的例子，我们将“学号”和“姓名”作为整体进行去重（也就是某一行数据中的学号、姓名数据都相同时，才算作重复数据）。

面试题 2：电商用户行为

【题目】

某电商公司在网上开店铺，该公司的“用户行为表”如表 3.4 所示。

表 3.4　用户行为表

访客 id	浏览日期	浏览时长（秒）
TB001	2022/5/1	16
TB002	2022/5/2	156
TB003	2022/5/3	41
TB004	2022/5/4	160
TB005	2022/5/5	83
TB006	2022/5/6	122
TB007	2022/5/7	156
TB008	2022/5/8	149
TB001	2022/5/1	34
TB002	2022/5/5	94
TB003	2022/5/6	116

续表

访客 id	浏览日期	浏览时长（秒）
TB004	2022/5/7	160
TB005	2022/5/8	62
TB006	2022/5/5	111
TB007	2022/5/6	101

【字段解释】

- 访客 id：进入店铺浏览商品的用户。
- 浏览日期：访客进入店铺浏览页面的日期。
- 浏览时长：访客进入店铺浏览页面的时长。

现在需要知道店铺里每个访客和对应的浏览日期（每个访客同一天浏览多次算作一次记录）。

【解题思路】

根据题目中的业务场景，需要同时根据“访客 id”“浏览日期”去掉重复数据，也就是某一行数据中的访客 id、浏览日期数据都相同时，才算作重复数据（每个访客同一天浏览多次算作一次记录）。

SQL 语句的书写方法如下：

```
select distinct 访客 id, 浏览日期
from 用户行为表;
```

查询结果如表 3.5 所示。

表 3.5　查询店铺里每个访客和对应的浏览日期

访客 id	浏览日期
TB001	2022/5/1
TB002	2022/5/2
TB003	2022/5/3
TB004	2022/5/4
TB005	2022/5/5
TB006	2022/5/6
TB007	2022/5/7
TB008	2022/5/8
TB002	2022/5/5
TB003	2022/5/6

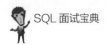

续表

访客 id	浏览日期
TB004	2022/5/7
TB005	2022/5/8
TB006	2022/5/5
TB007	2022/5/6
TB008	2022/5/7
TB001	2022/5/8

面试题 3：简单的数据查询

【题目】

表 3.6 所示为某电商公司的“用户购买信息表”，你作为公司的业务人员，为了更好地分析数据，要求对数据做以下处理。

（1）剔除表中重复的购买记录。

（2）查询表中数据是否有空值的记录。

（3）将列“用户行为发生时间”重命名为“用户交易时间”。

表 3.6　用户购买信息表

用户 id	商品 id	用户行为类型	地理位置	用户行为发生时间
98047837	232431562	购买	北京	2014/12/6
97726136	383583590	购买	北京	2014/12/9
98607707	64749712	购买	北京	2014/12/18
98662432	320593836	购买	北京	2014/12/6
98145908	290208520	购买	广州	2014/12/16
93784494	337869048	购买	深圳	2014/12/3
94832743	105749725	购买	广州	2014/12/13
95290487	76866650	购买	深圳	2014/11/27
96610296	161166643	购买	广州	2014/12/11
100684618	21751142	购买	深圳	2014/12/5
100509623	266020206	购买	北京	2014/12/8

【解题思路】

（1）剔除表中重复的购买记录。剔除重复记录可以用 distinct 关键字来实现，SQL 语句的书写方法如下：

```
select distinct *
from 用户购买信息表；
```

（2）查询表中数据是否有空值的记录。查找空值我们使用运算符中的空值查询语句 is null，SQL 语句的书写方法如下：

```
select *
from 用户购买信息表
where 用户 id is null
or 商品 id is null
or 用户行为类型 is null
or 地理位置 is null
or 用户行为发生时间 is null;
```

查询结果如表 3.7 所示。

表 3.7　查询表中数据是否有空值的记录

用户 id	商品 id	用户行为类型	地理位置	用户行为发生时间
(Null)	(Null)	(Null)	(Null)	(Null)

（3）将列“用户行为发生时间”重命名为“用户交易时间”。给列名重命名（也就是起别名）需要用到 SQL 关键字 as，SQL 语句的书写方法如下：

```
select 用户 id, 商品 id, 用户行为类型，地理位置，用户行为发生时间 as 用户
交易时间
from 用户购买信息表；
```

查询结果如表 3.8 所示。

表 3.8　重命名列名的结果

用户 id	商品 id	用户行为类型	地理位置	用户交易时间
98047837	232431562	购买	北京	2014/12/6
97726136	383583590	购买	北京	2014/12/9
98607707	64749712	购买	北京	2014/12/18
98662432	320593836	购买	北京	2014/12/6
98145908	290208520	购买	广州	2014/12/16
93784494	337869048	购买	深圳	2014/12/3
94832743	105749725	购买	广州	2014/12/13

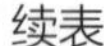续表

用户 id	商品 id	用户行为类型	地理位置	用户交易时间
95290487	76866650	购买	深圳	2014/11/27
96610296	161166643	购买	广州	2014/12/11
100684618	21751142	购买	深圳	2014/12/5
100509623	266020206	购买	北京	2014/12/8

【本题考点】

本题考查 SQL 基本查询内容，考查知识点如下。

（1）用 is null 语句来查询空值。

（2）用 as 关键字对字段进行重命名（起别名）。

（3）用 distinct 关键字去掉重复数据。

3.1.3 SQL 语句的书写规则是什么

下面总结了常用的 SQL 语句的书写规范。

（1）SQL 语句以英文分号（;）结尾。

SQL 语句中用英文分号（;）表示本条语句结束，就像中文讲完一段话用句号（。）表示句子的结束一样。如果不加英文分号，那么在单条语句中，程序可以运行不会报错，但是在多条语句中，程序会误以为是一条语句来执行，结果就会报错。

（2）SQL 语句不区分英文语句的大小写。

SQL 语句中，部分英文语句为数据库中事先定义的、有特殊意义的单词（如 select、and、from 等），比如，我们对“学生表”用 select 语句来查询，在代码中可以写成“SELECT”或者“Select”，对运行结果都没有影响，可根据个人习惯进行书写。

（3）列名不能加单引号，同时列名命名时不能有空格。

列名与字符串是两个完全不同的概念，在查询列名时，不能加单引号，如:

```
select '姓名','性别'
from 学生表;
```

运行之后，SQL 一定会报错，有兴趣的读者可以尝试运行一下。

这同时也要求在给列名命名时，列名里不能有空格，比如列名“姓 名”，在“姓”和“名”之间加了空格，这在 SQL 中是没有办法区分的。

（4）使用英文符号。

在使用 SQL 语言时，所有用到的符号都需要是英文符号，即输入法在英文状态下输入的各类符号，这样程序运行才不会报错。有些时候，英文符号和中文符号用肉眼很难分辨，但是只要你足够认真仔细，就能够发现二者之间微小的区别，如图 3.1 所示。

```
✔ select 姓名,性别        ←英文符号
    from 学生表;

✕ select 姓名，性别       ←中文符号
    from 学生表；
```

图 3.1　中英文符号的细节差异

掌握了基本的书写规则，既可以规避书写中带来的问题，又可以写出清晰优雅的代码，为 SQL 的运行保驾护航。

3.2　汇总函数与分组的应用

汇总分析在工作里经常要用到，比如，分析每个部门的销售业绩。这个类型的题目主要考查如何用 SQL 进行汇总分析。

考查知识点：

- 汇总函数、分组汇总、SQL 书写顺序和运行顺序。

3.2.1　汇总函数

说到汇总分析，必须要提到汇总函数，那什么是汇总函数呢？

汇总函数也被称为聚合函数。简单来说，汇总函数就是在一堆繁杂数据里进行类似求和、求平均值、求最大值、求最小值等运算后聚合成一个结果的数据。如图 3.2 所示，我们整理天气数据时需要统计一周内多云和闪电总共出现多少次？数据量不大时，我们通过加法运算即可得到：3+2=5。

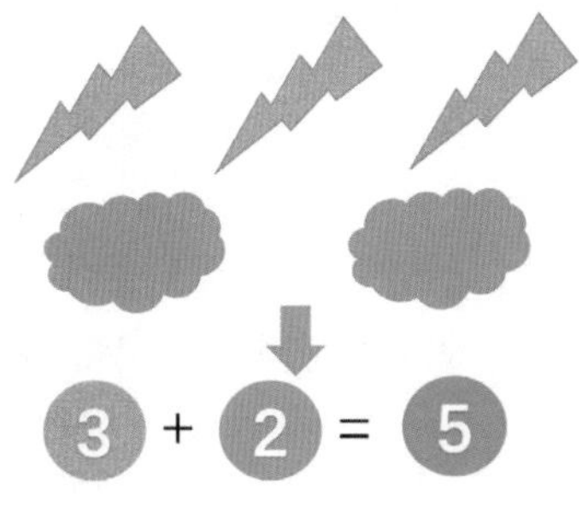

图 3.2　不同天气的简单汇总

那么，如果对应到 SQL 中，如何实现呢？当数据量大时，我们就无法用上述手工计算的方式了，要用到 SQL 的汇总函数。

上述的天气案例，假设天气数据放在数据库的“天气表”中，可以使用汇总函数中的求和

函数（sum() 函数）快速统计出“天气”列的总数，SQL 语句的书写方法如下：

```
select sum(天气)
from 天气表
where 天气='多云' or 天气='闪电';
```

返回结果如图 3.3 所示。

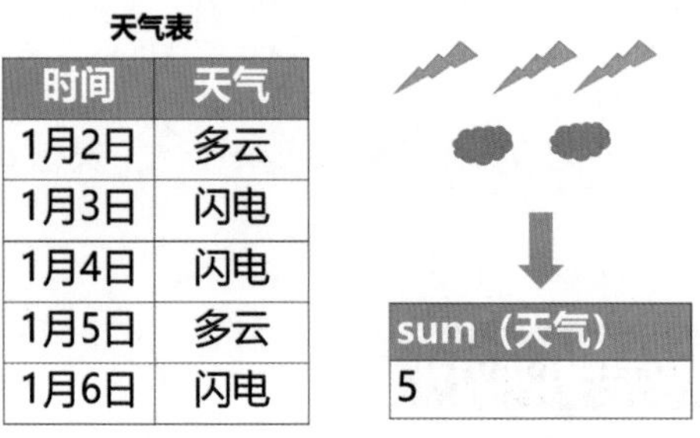

天气表
时间
天气
1月2日
多云
1月3日
闪电
1月4日
闪电
1月5日
多云
1月6日
闪电
sum（天气）
5

图 3.3　使用求和函数 sum() 的计算结果

SQL 中常用的汇总函数如表 3.9 所示。

表 3.9　常用的汇总函数

用途	函数	案例
求某列的行数	count(列名) count(*)	count(列名)对除空值外的列求和 count(*) 对所有列求和
对某列数据求和。 只能对数值类型的列计算	sum(列名)	sum(成绩) 说明：求“成绩”列的总分数
求某列数据的平均值。 只对数值类型的列计算	avg(列名)	avg(成绩) 说明：求“成绩”列的平均成绩
求某列数据的最大值	max(列名)	max(成绩) 说明：求“成绩”列的最高成绩
求某列数据的最小值	min(列名)	min(成绩) 说明：求“成绩”列的最低成绩

使用汇总函数时，要根据业务情况，灵活判断是否要先去掉重复数据，再统计数据，例如下面的面试题。

面试题 4：游戏 App 用户分析

【题目】

某游戏公司为了监测新上市的游戏 App 的受欢迎程度，通过数据来分析用户的总数、用户的平均年龄。表 3.10 所示为“用户登录信息表”。

表 3.10　用户登录信息表

登录日期	用户 ID	用户年龄
2021/1/11	user_01	23
2021/1/11	user_02	19
2021/1/11	user_03	39
2021/1/11	user_01	23
2021/1/11	user_03	39
2021/1/11	user_01	23
2021/1/12	user_02	19
2021/1/13	user_01	23
2021/1/15	user_02	19
2021/1/16	user_02	19

【字段解释】

- 登录日期：记录用户登录游戏 App 的时间。
- 用户 ID：用户的唯一标识。
- 用户年龄：用户在 App 中记录的年龄。

现需要分析出用户的总数、用户的平均年龄。

【解题思路】

求用户的总数，可以用汇总函数（对“用户 ID”列求和：sum() 函数）。

求用户的平均年龄，可以用汇总函数（对“用户年龄”列求平均值：avg() 函数）。

但是，如果直接进行汇总计算，则会有问题，是什么问题呢？

观察表 3.10 中的数据，可以看到同一用户同一天有多条登录记录，也就是表中存在重复数据。如果直接用汇总函数进行计算，则会把重复数据计算在内，所以，应该先按照“用户 ID”对重复数据进行去重（用 distinct 关键字），再分析用户的总数及平均年龄。

SQL 语句的书写方法如下：

```
select sum(distinct 用户 ID) as 用户总数，
       avg( 用户年龄 ) as 用户平均年龄
from 用户登录信息表；
```

查询结果如表 3.11 所示。

表 3.11　用户的总数和平均年龄

用户总数	用户平均年龄
3	27

汇总函数也经常用于计算常用的指标，例如下面的面试题。

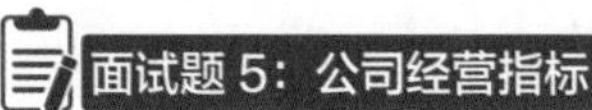

面试题 5：公司经营指标

【题目】

表 3.12 所示的“销售订单表”记录了公司的销售情况，每一行数据表示哪位顾客、哪一天、在哪个交易网点购买了什么产品，购买的数量是多少，以及对应产品的零售价。

表 3.12　销售订单表

订单号	顾客 ID	交易日期	交易网点	产品	销售数量	零售价
CS001	CustomerA	2020/1/9	StoreA	ProductA	1	100
CS001	CustomerA	2020/1/9	StoreA	ProductB	1	300
CS001	CustomerA	2020/1/9	StoreA	ProductC	1	200
CS002	CustomerB	2020/2/1	StoreB	ProductB	1	300
CS002	CustomerB	2020/2/1	StoreB	ProductC	1	200
CS003	CustomerC	2020/3/11	StoreA	ProductA	1	100
CS003	CustomerC	2020/3/11	StoreA	ProductD	1	150
CS003	CustomerC	2020/3/11	StoreA	ProductS	1	500
CS004	CustomerD	2020/3/15	StoreA	ProductB	1	300
CS004	CustomerD	2020/3/15	StoreA	ProductF	2	700
CS005	CustomerE	2020/3/16	StoreC	ProductC	2	200
CS006	CustomerA	2020/3/16	StoreC	ProductC	1	200
CS007	CustomerD	2020/4/20	StoreE	ProductA	1	100

分析购买人数、总销售金额、客单价、客单件、人均购买频次。

其中：

销售金额 = 销售数量 × 零售价

客单价 = 总销售金额 / 购买人数

客单件 = 总销售数量 / 购买人数

人均购买频次 = 总订单数 / 购买人数

【解题思路】

（1）购买人数。

我们可以用表 3.12“销售订单表”中的“顾客 ID”来汇总出购买人数。

在实际销售中，一个顾客可以在一个交易网点购买多次，或者在多个交易网点购买多次。因此在计算“购买人数”时，需要用关键字 distinct 去重后，再用 count() 函数计数，得到购买人数。

SQL 语句的书写方法如下：

```
select
  count(distinct 顾客 ID) as 购买人数
from 销售订单表;
```

（2）总销售金额。

销售金额 = 销售数量 × 零售价，总销售金额为各个产品销售金额之和。销售数量、零售价都在表 3.12 所示的“销售订单表”中。

SQL 语句的书写方法如下：

```
select
   sum(销售数量 * 零售价) as 总销售金额
from 销售订单表;
```

（3）客单价。

客单价指的是平均每个顾客购买产品的金额。总销售金额、购买人数在前面我们已经分析出来了，现在计算客单价就简单了，计算逻辑为：客单价 = 总销售金额 / 购买人数。

```
sum(销售数量 * 零售价)/count(distinct 顾客 ID) as 客单价
```

SQL 语句的书写方法如下：

```
select
   count(distinct 顾客 ID) as 购买人数,
   sum(销售数量 * 零售价) as 总销售金额,
   sum(销售数量 * 零售价)/count(distinct 顾客 ID) as 客单价
from 销售订单表;
```

（4）客单件。

客单件是平均每个顾客购买的件数，计算逻辑为：客单件 = 总销售数量 / 购买人数。

SQL 语句的书写方法如下：

```
select
      sum(销售数量)/count(distinct 顾客 ID) as 客单件
from 销售订单表;
```

（5）人均购买频次。

人均购买频次是平均每个顾客购买几次，人均购买频次 = 总订单数 / 购买人数。

总订单数可以通过对“订单号”列计数得到。

SQL 语句的书写方法如下：

```
select
       count( 订单号 )/count(distinct 顾客 ID) as 人均购买频次
from 销售订单表 ;
```

汇总以上 5 个指标的 SQL 语句，最终如下：

```
select
  count(distinct 顾客 ID)as 购买人数 ,
  sum( 销售数量 * 零售价 ) as 总销售金额 ,
  sum( 销售数量 * 零售价 )/count(distinct 顾客 ID) as 客单价 ,
  sum( 销售数量 )/count(distinct 顾客 ID) as 客单件 ,
  count( 订单号 )/count(distinct 顾客 ID) as 人均购买频次
from 销售订单表 ;
```

3.2.2 分组汇总

在实际工作中，汇总函数经常和分组 (group by 子句) 结合在一起来分析数据，所以，面试中会经常会考查分组汇总 (汇总函数 + 分组) 的知识。

当面试题中涉及“查找重复数据”或者类似“每个”“每天”这样的词汇时，要马上想到可以用分组汇总来实现。

我们通过一个面试题来看一下如何用 SQL 进行分组汇总。

面试题 6：查找重复数据

【题目】

查找表 3.13 所示“学生表”中所有重复的学生姓名。

表 3.13 学生表

学号	姓名
0001	猴子
0002	小马
0003	小王
0004	小王
0005	猴子

【解题思路】

（1）分组汇总：按“姓名”分组（group by 子句），再用聚合函数中的计数函数 count() 对“姓名”列计数。

（2）筛选出计数大于 1 的姓名，就是重复的姓名。

为了整理思路，我们先手动找出重复数据，然后对应看如何用 SQL 来实现。直观来看，可以了解到“姓名”列有“猴子”和“小王”两个重复的姓名值，如图 3.4 所示。

方法一

（1）通过创建一个辅助表，将“姓名”列进行分组和汇总。

SQL 语句的书写方法如下：

```
select 姓名 ,count( 姓名 ) as 计数
from 学生表
group by 姓名 ;
```

查询结果如图 3.5 所示。

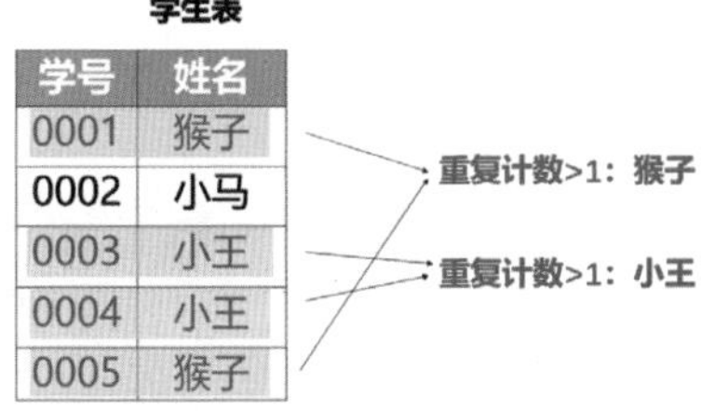

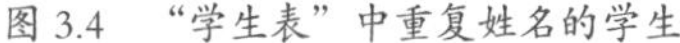
图 3.4　“学生表”中重复姓名的学生

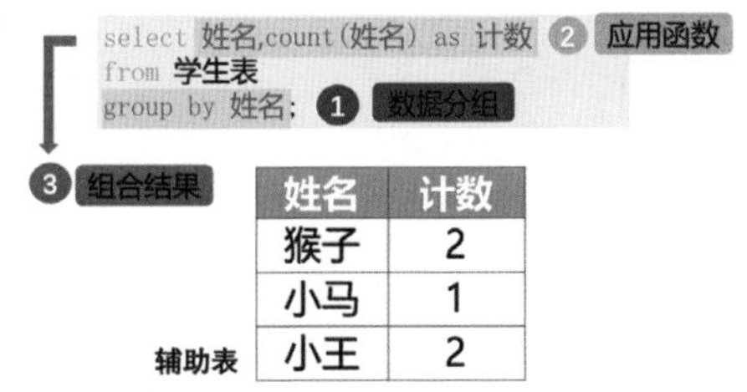

图 3.5　对“姓名”列进行分组和汇总

（2）通过辅助表数据，查询重复计数大于 1 的姓名。

SQL 语句的书写方法如下：

```
select  姓名
from 辅助表
where 计数 >1;
```

查询结果如图 3.6 所示。

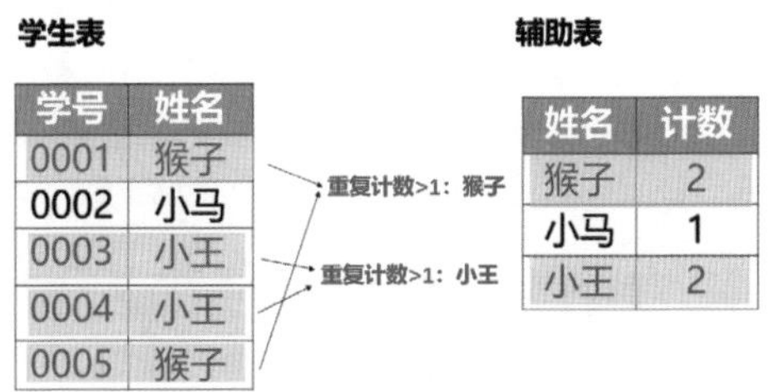

图 3.6　重复计数大于 1 的姓名

（3）结合前两步，将第（1）步中创建的辅助表作为子查询，进行重复姓名计数大于 1 的 SQL 查询。

SQL 语句的书写方法如下：

```
select 姓名
from (
 select 姓名 ,count( 姓名 ) as 计数
from 学生表
group by 姓名
) as 辅助表
where 计数 > 1;
```

查询结果如图 3.7 所示。

方法二

这时有的读者可能会想，为什么要这么麻烦创建一个子查询，不能用下面的语句（将 count() 函数放到 where 子句中）直接得出答案吗？

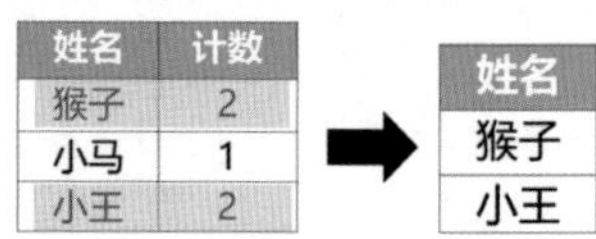

图 3.7　查询所有重复的学生姓名

```
select 姓名
from 学生表
group by 姓名
where count( 姓名 ) > 1;
```

如果我们运行上面的 SQL 语句，则会出现如图 3.8 所示的错误，问题出在哪里呢？

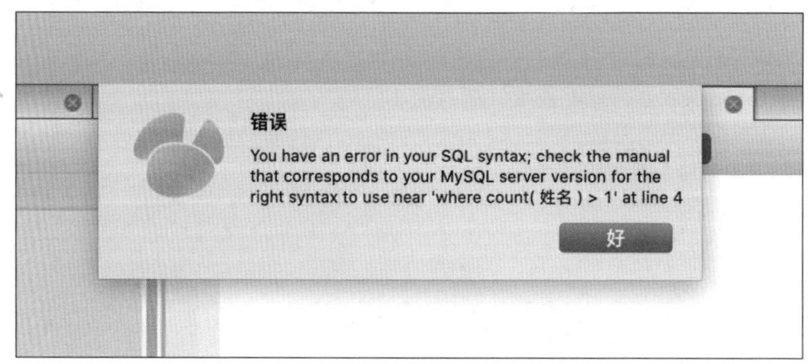

图 3.8　SQL 语句错误提示

前面提到的聚合函数（count()），where 子句无法与聚合函数一起使用。因为 where 子句的运行顺序排在第二，运行到 where 子句时，表还没有被分组。

如果要对分组后的结果按条件筛选，则需要用到 having 子句。所以，这道题的最优解法如下：

```
select 姓名
from 学生表
group by 姓名
having count( 姓名 ) > 1;
```

【本题考点】

（1）考查解题思路，比较两种解题方法的差别。

（2）考查对 having 子句的掌握，having 子句表示对分组后的结果按条件筛选。

（3）熟记 SQL 语句的书写顺序和运行顺序。

（4）考查分组汇总的应用，切莫把聚合函数写到 where 子句中。

通过面试题 6，我们可以总结出查找“重复数据”的 SQL 万能模板。

万能模板　查找重复数据

查找重复数据的模板如下。模板中所示的“列名”，表示在该列中查找重复的数据。

```
select 列名
from 表名
group by 列名
having count( 列名 ) > 1;
```

进一步，我们还可以衍生出，查找重复出现 *N* 次数据的 SQL 万能模板，只需要把 having 里的条件设置为 =N：

```
select 列名
from 表名
group by 列名
having count( 列名 ) = N;
```

group by 作为条件分组子句，并不是通过某个列名条件分组就万事大吉了，在 SQL 语句中使用它还需要注意：当 group by 后面跟多个列时，这几个列的值全部相同才能算为一组。

例如，下面 SQL 语句中的“group by 姓名 , 性别”表示只有姓名、性别都相同的学生才能算一组。

```
select 姓名
from 学生表
group by 姓名 , 性别 ;
```

面试题 7：城市人口流动分析

【题目】

表 3.14 所示为统计每天各个城市之间的人口流入、流出的“各城市人口流动表”。

表 3.14　各城市人口流动表

流出城市	流入城市	交通工具	日期	数量
长春	合肥	1	2013/5/1	599
北京	天津	2	2013/5/4	527
呼市	北京	1	2014/9/15	801
上海	北京	1	2015/3/2	913
石家庄	苏州	2	2015/11/21	873
广州	深圳	3	2017/5/8	725
北京	武汉	3	2017/5/6	671
北京	深圳	3	2017/6/11	754
长春	大连	1	2018/6/11	398
北京	广州	3	2018/3/2	400
济南	长春	3	2018/5/3	739

* 交通工具（1 表示汽车，2 表示火车，3 表示飞机）

我们通过表中第一行理解表中各字段的含义。例如，猴子老家是长春，乘坐汽车，到合肥工作，那么对应这个表中的字段就是，“流出城市”是“长春”，“流入城市”是“合肥”，交通工具是 1（表示汽车）。表中的字段“数量”表示从“流出城市”到“流入城市”的人口数量。

面试官问应聘者：如何分析每个城市的总流入人口数量？

【解题思路】

这里涉及“每个”，所以用汇总分析来实现，问题拆解为下面两步。

（1）分组：按“流入城市”分组（group by 子句），得到“每个城市”。

（2）汇总：题中提到“总流入人口数量”，对应计算为求和，用到汇总函数里的求和函数 sum()。

SQL 语句的书写方法如下：

```
select 流入城市 as 城市 ,sum( 数量 ) as 总流入人口数
from 各城市人口流动表
group by 流入城市 ;
```

查询结果如表 3.15 所示。

表 3.15　各个城市的总流入人口数量

城市	总流入人口数
合肥	599
天津	527
北京	1,714
苏州	873
深圳	1,479
武汉	671
大连	398
广州	400
长春	739

【本题考点】

考查分组汇总的应用，当遇到的面试题中涉及类似“每个”“每天”这样的词汇时，要想到用分组汇总或者窗口函数来实现。

3.3　SQL 语句的书写顺序和运行顺序

SQL 语句的书写顺序和运行顺序是不一样的，只有理解了 SQL 语句的运行顺序，才算真正看懂 SQL。图 3.9 所示为常用的 SQL 子句含义和 SQL 运行顺序。

我们按如图 3.9 所示的 SQL 语句的书写顺序来理解各个子句的含义。

- select 表示查询结果。
- from 表示从哪个表中查找数据。
- where 表示查询条件，用于筛选出符合条件的数据。
- group by 表示对数据按某列分组。
- having 表示对分组后的结果指定条件。
- order by 表示对查询结果进行升序或者降序的排列。
- limit 表示从查询结果中取出限定行。

SQL 语句的运行顺序如图 3.9 所示，其实也很好记住。

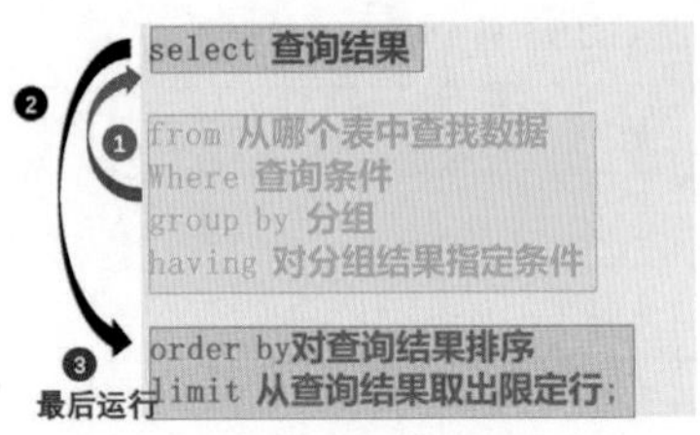

图 3.9　SQL 子句含义和运行顺序

第 1 步，运行蓝框里的子句，蓝框里的子句按书写顺序运行。也就是说，蓝框里的运行顺序是：先运行 from 子句，然后运行 where 子句，再运行 group by 子句，最后运行 having 子句。

第 2 步，运行 select 子句得到查询结果。

第 3 步，运行红框里的子句，对查询结果进行操作。红框里的子句按书写顺序运行。

第 4 章 复杂查询

04

本章介绍第 2 章 2.2.3 节“复杂查询”相关的知识和面试题。

考查知识点：

- 子查询、临时表 with...as、视图、case 表达式（用于多条件判断）。

4.1 子查询

工作中的业务问题有时比较复杂，就需要用子查询来进行复杂查询了。那什么是子查询呢?

子查询就是在from子句中直接写SQL查询语句，也就是将多个SQL查询语句嵌套在一起。这个嵌套的SQL查询语句就是子查询。

使用子查询时，可以把子查询看作临时表，也就是子查询的查询结果表，因为这个查询结果表并不是真实存放在数据库中的表，所以把这样的表称为临时表。

使用子查询时，一般需要用as关键字给子查询起个别名，方便在SQL其他地方使用。另外，如果不用as关键字给子查询起别名，那么有时候会报错："1248 - Every derived table must have its own alias"。

通过下面的面试题，我们来学习如何用子查询解决问题。

面试题 8：查找成绩排名第二的学生成绩

【题目】

表4.1所示"成绩表"记录了学生选修课程的名称及成绩。现在需要找出语文课中成绩排名第二的学生成绩。如果不存在第二名成绩的学生，那么查询应返回null。

表4.1　成绩表

学号	课程	成绩
1	语文	90
1	数学	65
2	语文	68
2	数学	96
3	数学	55

【解题思路】

可以把问题拆解为以下两步。

（1）找出所有选修了语文课的学生的成绩。

SQL语句的书写方法如下:

```
select *
from 成绩表
where 课程 =' 语文 ';
```

（2）在语文课的成绩中，找出排名第二的学生成绩。

①考虑到成绩可能有一样的值，所以使用关键字distinct对成绩进行去重，SQL语句的书

写方法如下：

```
select max(distinct 成绩 )
from 成绩表
where 课程 =' 语文 ';
```

②把第①步的查询结果（最高的成绩）记为 a（给子查询用 as 关键字起个别名叫作 a，方便在 SQL 的其他地方使用），然后找出小于 a 的所有成绩，SQL 语句的书写方法如下：

```
成绩 < (select max(distinct 成绩 )
              from 成绩表
              where 课程 =' 语文 ') as a;
```

③在小于 a 的所有成绩中，最大值就是课程成绩排在第二名的值。

把上述 SQL 语句合并在一起就是最终答案。需要注意，在条件语句中编写子查询时，不能包含别名。这是因为该子查询会被当作单个值而不是一个表，最终 SQL 语句如下所示：

```
select max(distinct 成绩 )
from 成绩表
where 课程 =' 语文 ' and
      成绩 < (select max(distinct 成绩 )
              from 成绩表
              where 课程 =' 语文 ');
```

查询结果如表 4.2 所示。

表 4.2　语文课中成绩排名第二的学生成绩

语文课第二名成绩
68

【本题考点】

（1）汇总函数（最大值 max()）的用法。

（2）去掉重复数据关键字 distinct 的用法。

（3）子查询的用法，子查询经常被当作中间结果的临时表来使用。

嵌套的 SQL 查询语句用括号括起来，叫作子查询。为了方便使用子查询，一般会用 as 关键字给子查询起个别名。

子查询还可以结合逻辑运算符 in、any、all，从而构建复杂的查询。

4.1.1　in（子查询）

in 常用于 where 子句中，表示查询某个范围内的数据。in 和子查询结合在一起的用法是：in（子查询）。

通过下面的面试题，我们来学习如何应用 in（子查询）解决实际问题。

面试题 9：如何找出多条件的用户

【题目】

表 4.3 所示的“销售订单表”记录了销售情况，每一条数据表示哪位顾客、哪一天、在哪个交易网点购买了什么产品，购买的数量是多少，以及对应产品的零售价。

表 4.3 销售订单表

订单号	顾客 ID	交易日期	交易网点	产品	销售数量	零售价
CS001	CustomerA	2020/1/9	StoreA	ProductA	1	100
CS001	CustomerA	2020/1/9	StoreA	ProductB	1	300
CS001	CustomerA	2020/1/9	StoreA	ProductC	1	200
CS002	CustomerB	2020/2/1	StoreB	ProductB	1	300
CS002	CustomerB	2020/2/1	StoreB	ProductC	1	200
CS003	CustomerC	2020/3/11	StoreA	ProductA	1	100
CS003	CustomerC	2020/3/11	StoreA	ProductD	1	150
CS003	CustomerC	2020/3/11	StoreA	ProductS	1	500
CS004	CustomerD	2020/3/15	StoreA	ProductB	1	300
CS004	CustomerD	2020/3/15	StoreA	ProductF	2	700
CS005	CustomerE	2020/3/16	StoreC	ProductC	2	200
CS006	CustomerA	2020/3/16	StoreC	ProductC	1	200
CS007	CustomerD	2020/4/20	StoreE	ProductA	1	100

现在请查找既购买过 ProductA 产品又购买过 ProductB 产品，但没有购买 ProductC 产品的顾客人数。

【解题思路】

需要把满足以下 3 个条件的顾客查找出来。

（1）购买过 ProductA 产品的顾客。

（2）购买过 ProductB 产品的顾客。

（3）没有购买 ProductC 产品的顾客。

具体步骤如下。

（1）购买过 ProductA 产品的顾客，可以用 in（子查询），SQL 语句的书写方法如下：

```
顾客 ID in (select distinct 顾客 ID
from 销售订单表
where 产品 ='ProductA');
```

（2）购买过 ProductB 产品的顾客，可以用 in（子查询），SQL 语句的书写方法如下：

```
顾客 ID in (select distinct 顾客 ID
from 销售订单表
where 产品 ='ProductB');
```

（3）没有购买 ProductC 产品的顾客，可以在 in 前面加 not，表示不在 in 里面的数据，也就是 not in（子查询），SQL 语句的书写方法如下：

```
顾客 ID not in （select distinct 顾客 ID
from 销售订单表
where 产品 ='ProductC'）;
```

计算满足条件的顾客人数，把上面 3 步的 SQL 语句组合在一起，最终如下：

```
select count(distinct 顾客 ID)
from 销售订单表
where
顾客ID in (select distinct 顾客ID from 销售订单表 where 产品='ProductA')
and
顾客ID in (select distinct 顾客ID from 销售订单表 where 产品='ProductB')
and
顾客 ID not in (select distinct 顾客 ID from 销售订单表 where 产品='ProductC');
```

4.1.2 all（子查询）和 any（子查询）

all（子查询）和 any（子查询）需要和比较运算符，包括“大于（>）”“小于（<）”“不等于 (<>)”等一起使用。

1. all(子查询)

all 常用于 where 子句中，表示要满足 all（子查询）里的所有条件。下面通过两个表格：表格 A 和表格 B，来直观地展示如何使用 all（子查询），如图 4.1 所示。

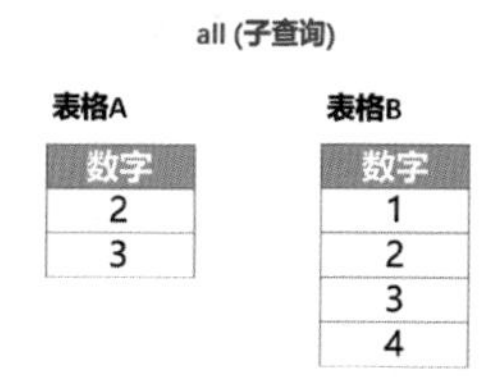

图 4.1 all(子查询) 案例演示

第一种情况，>all(子查询)。下面的 SQL 语句表示，表格 B 中大于 all(子查询) 中子查询结果的所有数据，如图 4.2 所示。

```
select *
from 表格 B
where 数字 > all
(select 数字 from 表格 A);
```

第二种情况，<all(子查询)。下面的 SQL 语句表示，表格 B 中小于 all(子查询) 中子查询结果的所有数据，如图 4.3 所示。

```
select * from 表格B
where 数字 < all
(select 数字 from 表格A);
```

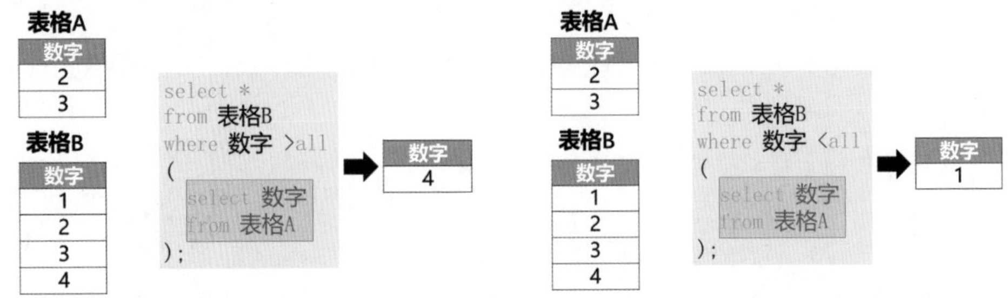

图 4.2　查询表格 B 中大于表格 A 的最大值的数字　　图 4.3　查询表格 B 中小于表格 A 的最小值的数字

第三种情况，<>all(子查询)。下面的 SQL 语句表示，表格 B 中不等于 all(子查询) 中子查询结果的所有数据。所以，<>all(子查询) 的作用等同于 not in (子查询)，如图 4.4 所示。

```
select *
from 表格B
where 数字 <> all
(select 数字 from 表格A);
```

等同于:

```
select *
from 表格B
where 数字 not in
(select 数字 from 表格A);
```

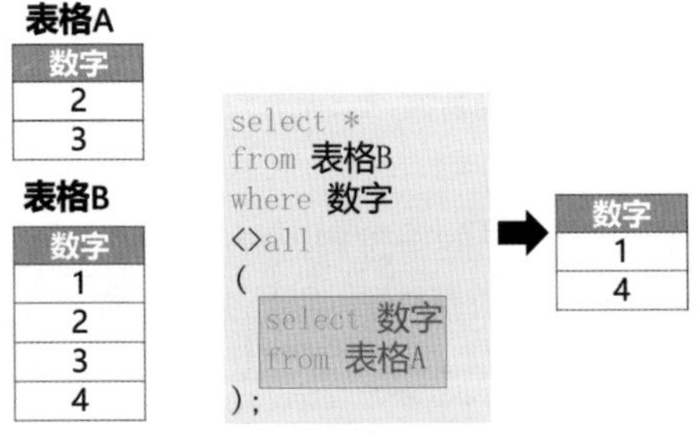

图 4.4　查询表格 B 中不等于表格 A 中数字的数字

2. any (子查询)

any 常用于 where 子句中，表示只需满足 ang(子查询) 里的任意一个条件就可以。通过刚才的表格 A 和表格 B 来演示，如图 4.5 所示。

第一种情况，>any(子查询)。下面的 SQL 语句表示，表格 B 中大于 any(子查询) 中子查询结果的任意一个数字的数字，等同于表格 B 中大于表格 A 中的最小值（2）的数字，如图 4.6 所示。

```
select *
from 表格 B
where 数字 > any
(select 数字 from 表格 A);
```

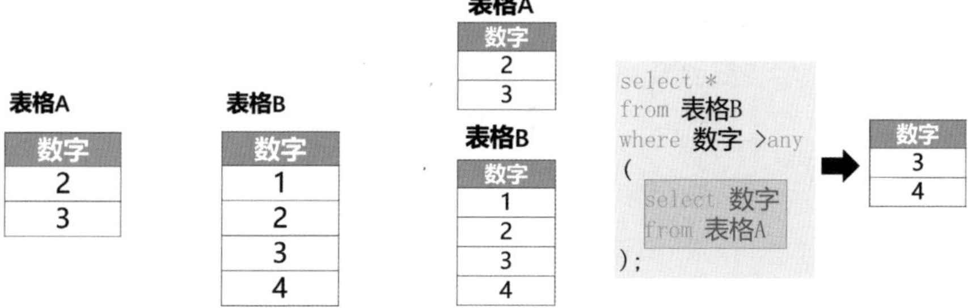

图 4.5　any(子查询) 案例演示　　　图 4.6　查询表格 B 中大于表格 A 的最小值的数字

第二种情况，表格 B 中的数字等于 any(子查询)（等同于：in(子查询)）中子查询结果的任意一个数字，即父查询的结果集满足存在于子查询的结果集中这个条件，如图 4.7 所示。

图 4.7　查询表格 B 中等于表格 A 的值的数字

```
select * from 表格 B
where 数字 =any
(select 数字 from 表格 A);
```

等同于：

```
select * from 表格 B
where 数字 in
(select 数字 from 表格 A);
```

第三种情况，表格 B 中的数字小于 any(子查询) 中子查询结果中的任意一个数字，即父查询的结果集满足小于子查询的任意一个值这个条件，则为真。此处案例要求得到的值小于子查询结果集中的最大值，如图 4.8 所示。

```
select * from 表格B
where 数字 < any
(select 数字 from 表格A);
```

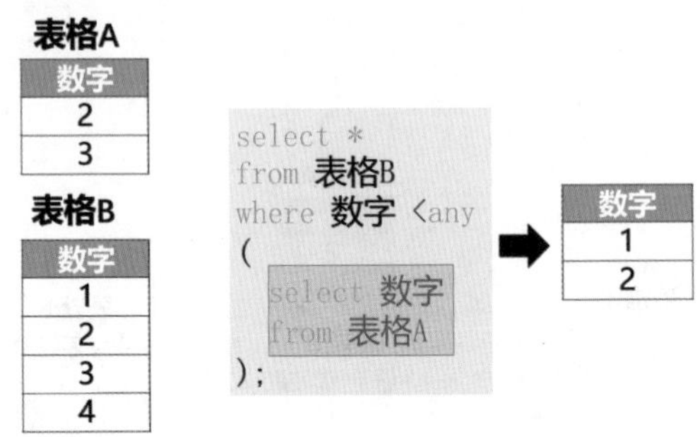

图 4.8　查询表格 B 中小于表格 A 的最大值

4.2 临时表 with...as

在实际工作中，有时候业务问题很复杂，这时的 SQL 语句中会嵌套太多子查询，那么 SQL 语句的可读性就会变差，有没有好的办法解决这样的问题呢？

答案是用 with...as 语句。

with…as 语句可以将 SQL 语句中的子查询定义为临时表，起到提高 SQL 语句可读性的作用，因此它也被归为子查询部分。

with...as 语句定义临时表的语法如下：

```
with
临时表名称 1 as 子查询语句 1,
临时表名称 2 as 子查询语句 2,
...
```

可以看到，一个 with...as 语句中可以定义多个临时表，多个临时表用“,”分隔（注意：with...as 语句定义临时表结束后，不能加语句结束符“;”）。

使用临时表时，可以用 select 语句查询临时表中的数据。

例如，4.1.1 节面试题 9 的 SQL 语句如下：

```
select count(distinct 顾客 ID)
from 销售订单表
where
顾客ID in (select distinct 顾客ID from 销售订单表 where 产品='ProductA')
and
顾客ID in (select distinct 顾客ID from 销售订单表 where 产品='ProductB')
and
顾客ID not in (select distinct 顾客ID from 销售订单表 where 产品='ProductC');
```

里面有 3 个子查询，分别是：

```
# 子查询 1
select distinct 顾客 ID from 销售订单表 where 产品 ='ProductA'

# 子查询 2
select distinct 顾客 ID from 销售订单表 where 产品 ='ProductB'

# 子查询 3
select distinct 顾客 ID from 销售订单表 where 产品 ='ProductC'
```

我们用 with...as 语句将这 3 个子查询分别定义为临时表 a、b、c。

SQL 语句的书写方法如下：

```
with
a as (select distinct 顾客ID from 销售订单表 where 产品='ProductA' ),
b as (select distinct 顾客ID from 销售订单表 where 产品='ProductB' ),
c as (select distinct 顾客 ID from 销售订单表 where 产品 ='ProductC' )
select count(distinct 顾客 ID)
from 销售订单表
where
顾客 ID in (select * from a)
and
顾客 ID in (select * from b)
and
顾客 ID not in (select * from c);
```

使用 with...as 语句需要注意如下几点。

（1）用 with...as 语句定义的临时表，后面必须直接跟使用该临时表的 SQL 语句，否则临时表将失效，如图 4.9 所示。

```
with c as
(select st_name from b where name like 'c%')                 √
select * from a where name in (select * from c);

with c as
(select st_name from b where name like 'c%' )                X
select * from b;——→临时表c后面未跟使用其的语句
select * from a where name in (select * from c);
```

图 4.9 with...as 语句定义的临时表注意事项一

（2）用 with...as 语句定义的临时表不需要删除，因为它在创建并使用后即释放，不会真实存放在数据库里。可以理解为，将一条 SQL 语句中的一部分片段封装起来，方便使用。因此，用 with...as 语句定义的临时表，属于后面直接使用该临时表的 SQL 语句的一部分，所以，在定义临时表后不能加语句结束符“;”。上面案例的 with...as 语句中我们就没有加分号“;”。

（3）如果 with...as 语句定义的临时表名称与某个数据表或视图重名，则紧跟在该 with...as 语句后面的 SQL 语句使用的仍然是临时表，而没有紧跟在 with...as 语句后面的 SQL 语句使用的是数据表或视图，如图 4.10 所示。

```
with
table1 as (select * from persons where age < 30)
select * from table1;——→ 为with...as定义的临时表
select * from table1;——→为真实数据表
```

图 4.10 with...as 语句定义的临时表注意事项二

4.3 视图

面试题 10：视图的概念

【题目】

（1）什么是视图？

（2）视图有哪些使用场景？

【解题思路】

（1）什么是视图？

视图其实是一个 SQL 语句，定义视图的 SQL 语法如下：

```
create view 视图名称 as
SQL 查询语句 ;
```

例如，下面的 SQL 语句定义了一个视图，视图名称是 myview，as 后面跟的是 SQL 查询语句：

```
create view myview as
select *
from 真实源表
where a = '...';
```

定义好的视图，如何使用呢？

我们可以像使用真实表一样，对视图进行查询（select）操作。从某视图中查询出指定结果的 SQL 语句的书写方法如下：

```
select ...
from 视图名称 ;
```

视图可以理解为一个虚拟表，为什么是虚拟表呢？

这是因为数据库中存放的是定义视图的 SQL 语句，视图中不存放真实的数据，视图运行结果表中的数据来自真实源表（也就是视图定义中 SQL 查询语句中的表）。真实源表、视图的关系如图 4.11 所示。

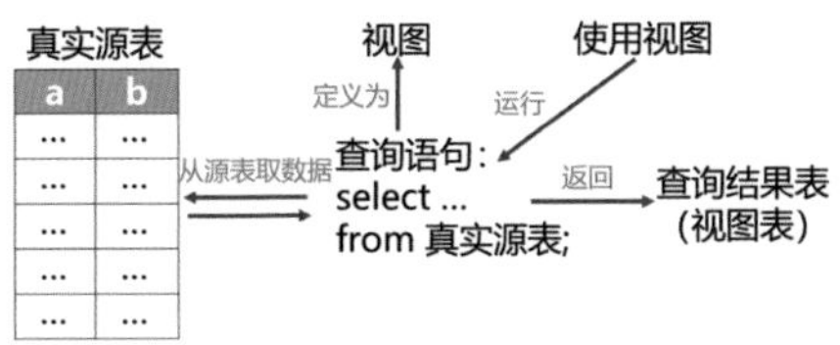

图 4.11　视图的运行逻辑

（2）视图有哪些使用场景？

既然视图只是一个虚拟的表，实际数据还是存储在真实源表中，那我们直接使用真实源表就行了，为什么还要用视图呢？

视图常起到保证数据安全的作用，下面举一个例子。

“公积金缴纳表”存储在数据库中，里面记录了缴纳公积金者的姓名、身份证号、缴纳金额、就职公司等。

因为业务需求，其他人员需要经常从数据库中查询这个表，而缴纳人员的身份证号、就职公司属于私密信息，不宜公开。

如何使这个人既能查看这个表，又能隐去缴纳人员的身份证号、就职公司等私密信息呢？

答案是用视图就可以实现，保证数据安全。

定义一个视图，该视图只取“公积金缴纳表”中的“姓名”和“缴纳金额”列。

SQL 语句的书写方法如下：

```
create view 公积金 as
select 姓名,缴纳金额
from 公积金缴纳表;
```

将定义好的视图（视图名称为公积金）的查询权限分配给需要的人，这些人便可以通过视图来查看使用数据了，SQL 语句的书写方法如下：

```
select *
from 公积金;
```

这样，查看的人便不会接触到缴纳人员的身份证号、就职公司等私密信息。

【本题考点】

考查视图的概念，要理解什么是视图及视图有什么用。

面试题 11：with...as 语句和视图的区别

【题目】

请你说一下 with...as 语句与视图的区别。

【解题思路】

with...as 语句与视图的区别如下。

（1）with...as 语句创建的是一个临时表，使用后即释放，不存放在数据库中，不需要删除；视图存储在数据库中，创建的是虚拟表，若要释放存储空间，则需要进行删除。

（2）with...as 语句不能使用语句结束符“;”；创建视图的语句是一条完整的 SQL 语句，需要使用语句结束符“;”。

（3）with...as 语句定义的临时表只能使用在紧跟其后的 select 语句中；视图则可以在不同的 SQL 语句中反复多次调用。

（4）with...as 语句的作用主要是提高 SQL 语句的易读性；视图除了可以提高 SQL 语句的易读性，也有保证数据安全的作用。

【本题考点】

考查 with...as 语句和视图的概念，要理解 with...as 语句的用法和视图的用法。

4.4 case 表达式

case 表达式用于多条件判断，你可以把 case 表达式看作一个多条件判断的函数，用于判断表中每一行数据是否满足某个条件。case 表达式的语法如下：

```
case
when <条件判断表达式> then <结果表达式>
when <条件判断表达式> then <结果表达式>
when <条件判断表达式> then <结果表达式>
...
else <结果表达式>
end
```

由以上 case 表达式的语法可知，第一行 when 子句先判断完，输出 then 子句值，end 结束，然后进行下一行判断，再次输出对应值。以此类推，直至表达式全部执行完毕。

case 表达式常用于解决下面几类问题。

（1）多条件判断问题。

（2）按区间统计问题。

（3）行列互换问题。

下面我们通过几个面试题来学习具体如何用 case 表达式解决问题。

面试题 12：判断成绩及格与否

【题目】

表 4.4 所示为“学生成绩表”，以 60 分为及格线，标记出每一行的成绩是及格还是不及格。

表 4.4 学生成绩表

学号	课程号	成绩
0001	0001	80
0001	0002	50
0001	0003	99
0002	0001	66

【解题思路】

题目要求对每一行的“成绩”值进行判断，可以运用 case 表达式进行多条件判断。第一个判断条件是“成绩”大于或等于 60 分，结果为及格，如图 4.12 所示。

第二个判断条件是“成绩”小于 60 分，结果为不及格，如图 4.13 所示。

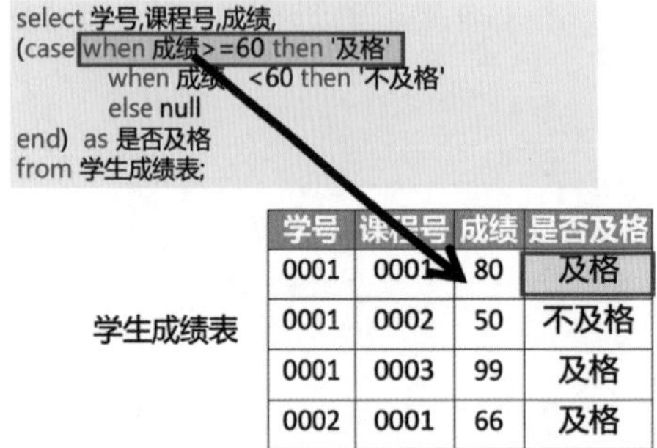

图 4.12 “成绩”大于或等于 60 分，结果为及格

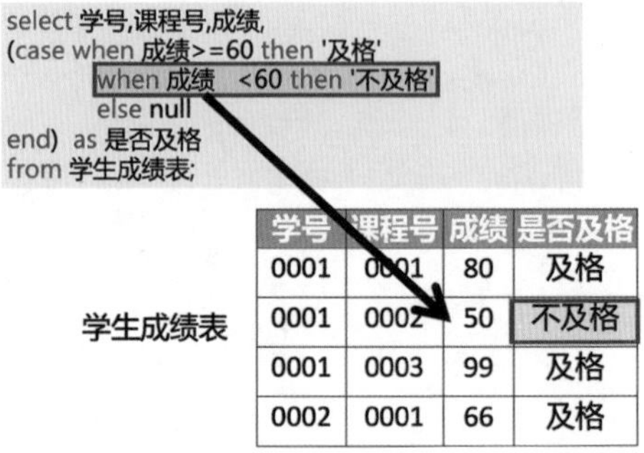

select 学号,课程号,成绩,
(case when 成绩>=60 then '及格'
when 成绩 <60 then '不及格'
else null
end) as 是否及格
from 学生成绩表;

学生成绩表

学号	课程号	成绩	是否及格
0001	0001	80	及格
0001	0002	50	不及格
0001	0003	99	及格
0002	0001	66	及格

图 4.13 “成绩”小于 60 分，结果为不及格

最后，将每一行的判断结果展示出来，如图 4.14 所示。

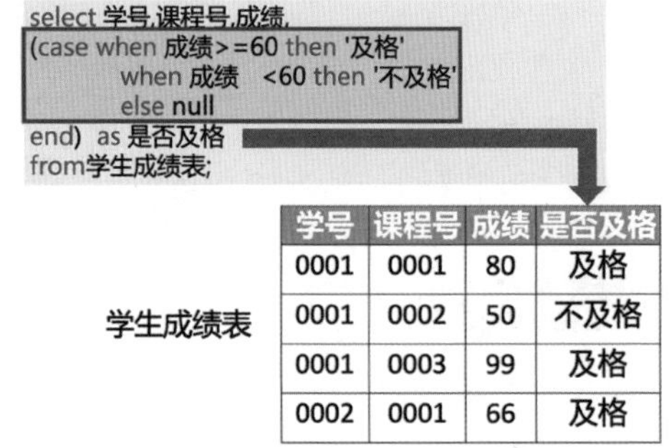

图 4.14 展示每一行的判断结果

SQL 语句的书写方法如下：

```
select 学号,课程号,成绩,
(case when 成绩>=60 then '及格'
         when 成绩  <60 then '不及格'
         else null
end)  as 是否及格
from 学生成绩表;
```

【本题考点】

使用 case 表达式进行简单的多条件判断，解决业务问题。

面试题 13：学生成绩分析

【题目】

表 4.5 所示为“学生分数表”，表中记录有 10 个学生的分数情况，“学生编号”是唯一标识。

请查询不及格（<60 分）、及格（60~70 分）、良好（71~85 分）、优秀（86~100 分）的学生各有多少人。

表 4.5 学生分数表

学生编号	分数
1	90
2	76
3	55
4	82
5	86
6	93
7	62
8	58
9	78
10	67

【解题思路】

这道题要求统计不同成绩区间的学生人数，可以使用 case 表达式，按照区间进行统计。

首先根据题目中的要求，通过多条件判断，获得每一行数据中的分数类型，如图 4.15 所示。

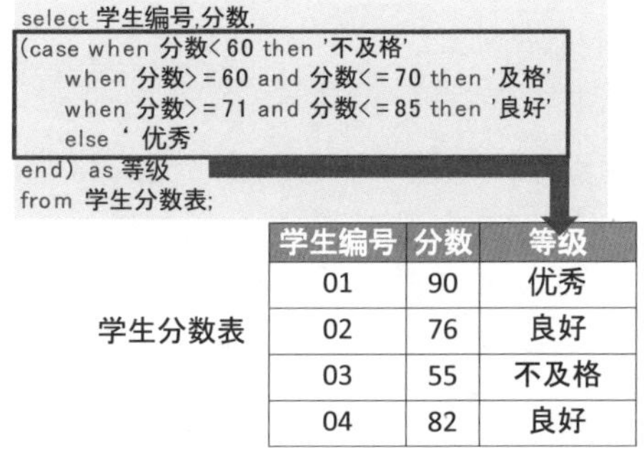

图 4.15 多条件判断

SQL 语句的书写方法如下：

```
select 学生编号 , 分数 ,
(case when 分数 <60 then '不及格'
      when 分数 >=60 and 分数 <=70 then '及格'
      when 分数 >=71 and 分数 <=85 then '良好'
```

```
        else '优秀'
end) as 等级
from 学生分数表;
```

查询结果如表 4.6 所示。

表 4.6　查询结果

学生编号	分数	等级
1	90	优秀
2	76	良好
3	55	不及格
4	82	良好
5	86	优秀
6	93	优秀
7	62	及格
8	58	不及格
9	78	良好
10	67	及格

题目要求统计不同等级的学生人数，可以用 group by 子句基于上述结果进行分组统计。

SQL 语句的书写方法如下：

```
select 等级,count(*)as 学生人数
from(
     select 学生编号,分数,(case when 分数<60 then '不及格'
     when 分数>=60 and 分数<=70 then '及格'
     when 分数>=71 and 分数<=85 then '良好'
     else '优秀'
     end) as 等级
     from 学生分数表 )as a
group by 等级;
```

查询结果如表 4.7 所示。

表 4.7　查询不同等级的学生人数

等级	学生人数
优秀	3
良好	3
及格	2
不及格	2

面试题 14：店铺订单分析

【题目】

表 4.8 所示的“订单表”中记录了某店铺每个客户的订单数量。“客户编码”是客户的唯一标识。分析订单数在 0-2、3-5、5 单以上的各有多少人。

表 4.8 订单表

客户编码	订单数
1	2
2	2
3	3
4	1
5	5
6	5
7	3
8	6
9	4

【解题思路】

这道题要求统计不同订单数区间对应的人数，可以使用 case 表达式，按照区间进行统计。

首先根据题目中的要求，通过多条件判断对订单数区间进行判断，如图 4.16 所示。

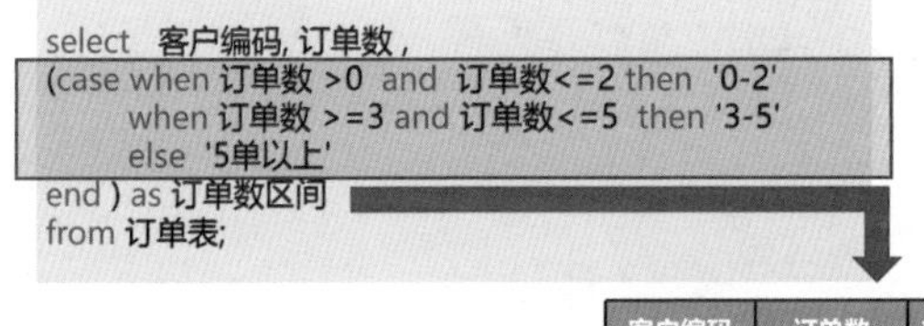

订单表

客户编码	订单数	订单数区间
1	2	0-2
2	2	0-2
3	3	3-5
4	1	0-2

图 4.16 判断订单数区间

SQL 语句的书写方法如下：

```
select  客户编码 , 订单数 ,
(case when 订单数 >0  and  订单数 <=2 then  '0-2'
      when 订单数 >=3 and 订单数 <=5  then '3-5'
```

```
            else  '5 单以上 '
    end ) as 订单数区间
    from 订单表;
```

查询结果如表 4.9 所示。

表 4.9　查询结果

客户编码	订单数	订单数区间
1	2	0-2
2	2	0-2
3	3	3-5
4	1	0-2
5	5	3-5
6	5	3-5
7	3	3-5
8	6	5 单以上
9	4	3-5

接下来计算各订单数区间对应的人数。按照订单数区间分组（group by 子句），用计数函数 count() 统计得出每个区间的人数。

SQL 语句的书写方法如下：

```
SQL
select
(case when 订单数 >0 and 订单数 <=2 then '0-2'
      when 订单数 >=3 and 订单数 <=5 then '3-5'
      else '5 单以上 '
      end) as 订单数区间,
count(*) as 人数
from 订单表
group by 订单数区间;
```

查询结果如表 4.10 所示。

表 4.10　查询不同订单数区间对应的人数

订单数区间	人数
0-2	3
3-5	5
5 单以上	1

【本题考点】

遇到“多条件判断分类”问题时，要想到用 case 语句进行多条件判断，结合分组汇总来解决问题。

面试题 15：快递量区间分布

表 4.11 所示为“快递揽收表”，包含 3 列：运单号、客户 id、创建日期。

表 4.11　快递揽收表

运单号	客户 id	创建日期
PNO0011	CC001	2020/5/1
PNO0012	CC002	2020/5/2
PNO0013	CC003	2020/5/3
PNO0014	CC004	2020/5/4
PNO0015	CC005	2020/5/5
PNO0016	CC006	2020/5/6
PNO0017	CC001	2020/5/7
PNO0018	CC002	2020/5/8
PNO0019	CC003	2020/5/9
PNO0020	CC004	2020/5/10

现需要查询运单号创建日期在 5 月、不同单量区间的客户分布。查询结果如表 4.12 所示。

表 4.12　查询不同单量区间的客户分布

单量	客户数
0-5	1000000
6-10	200000
11-20	50000
20 以上	30000

【解题思路】

我们把问题拆解为下面 3 步。

（1）条件：运单号创建日期在 5 月。

用 where 子句筛选符合条件的数据：

```
where 创建日期 >= '2020-05-01' and 创建日期 <= '2020-05-31'
```

（2）每个客户的单量。

涉及“每个”，要想到用分组汇总来解决这类问题。按“客户 id”分组（group by 子句），统计“运单号”数目得到单量（函数 count()），注意要用关键字 distinct 去掉运单号的重复数据，将查询结果命名为临时表 t1。

SQL 语句的书写方法如下：

```
select 客户 id,
       count(distinct 运单号 ) as 单量
from 快递揽收表
where 创建日期 >= '2020-05-01' and 创建日期 <= '2020-05-31'
group by 客户 id;
```

查询结果如图 4.17 所示。

运单号	客户id	创建日期
PNO0011	CC0001	2020-05-01
...	...	...

按照“客户id”分组汇总

临时表 t1

客户id	单量
CC001	20
CC002	5
...	...

图 4.17　查询 5 月 1 日—5 月 31 日期间每个客户的单量

（3）对单量进行区间分组，并且得出单量区间的客户数。可以使用 case 表达式对单量区间进行统计，并将查询结果命名为临时表 t2，如图 4.18 所示。

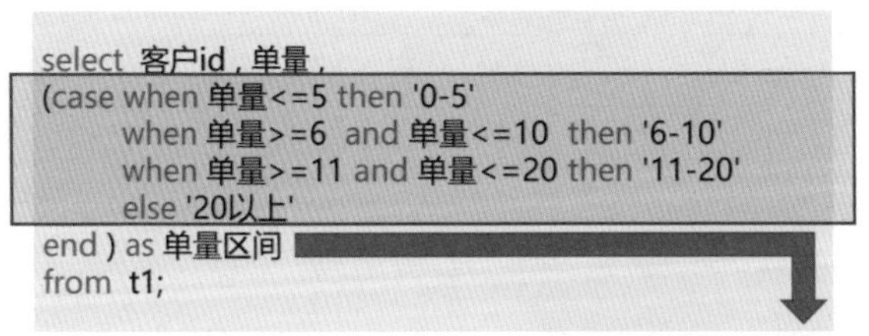
select 客户id , 单量 ,
(case when 单量<=5 then '0-5'
when 单量>=6 and 单量<=10 then '6-10'
when 单量>=11 and 单量<=20 then '11-20'
else '20以上'
end) as 单量区间
from t1;

临时表 t2

客户id	单量	单量区间
CC001	20	11-20
CC002	5	0-5
...	...	...

图 4.18　查询不同客户所处的单量区间

SQL 语句的书写方法如下：

```
select 客户 id, 单量 ,
       (case when 单量 <= 5 then '0-5'
             when 单量 >= 6 and 单量 <= 10 then '6-10'
             when 单量 >= 11 and 单量 <= 20 then '11-20'
             else '20 以上 '
        end) as 单量区间
from
(
select 客户 id,
       count(distinct 运单号 ) as 单量
from 快递揽收表
where 创建日期 >= '2020-05-01' and 创建日期 <= '2020-05-31'
group by 客户 id
) as t1;
```

接下来，需要获得每个“单量区间”的客户数，利用“单量区间”分组（group by 子句），对客户 id 计数（函数 count()），汇总得出客户数。SQL 语句的书写方法如下：

```
select 单量区间 as 单量 ,
       count(distinct 客户 id) as 客户数
from t2
group by 单量区间 ;
```

现在汇总以上 3 步的 SQL 语句，最终 SQL 语句的书写方法如下：

```
select 单量区间 as 单量 ,
       count(distinct 客户 id) as 客户数
from
(
select 客户 id, 单量 ,
case when 单量 <= 5 then '0-5'
     when 单量 >= 6 and 单量 <= 10 then '6-10'
     when 单量 >= 11 and 单量 <= 20 then '11-20'
     else '20 以上 '
     end as 单量区间
from
(
select 客户 id,
count(distinct 运单号 ) as 单量
from 快递揽收表
```

```
where 创建日期 >= '2020-05-01' and 创建日期 <= '2020-05-31'
group by 客户 id
) as t1
) as t2
group by 单量区间;
```

查询结果如表 4.13 所示。

表 4.13 查询得出不同单量区间的客户分布

单量	客户数
0-5	1000000
6-10	200000
11-20	50000
20 以上	30000

【本题考点】

（1）当遇到“每个”这类问题时，要想到用分组汇总（group by 子句）。

（2）考查对子查询的灵活使用，嵌套了两次子查询，也就是把上一步查询结果作为子查询。

（3）考查对常见汇总函数的应用。

（4）当遇到“区间”问题时，要想到用多条件判断（case 表达式）来解决。

（5）在遇到业务问题时，要用逻辑树分析方法把复杂问题变成可以解决的子问题。

面试题 16：行列互换

面试题常考的“行列互换”类型题，可以用 case 表达式来解决。

【题目】

表 4.14 所示为名叫“cook”的表。

表 4.14 cook

年	月	值
2009	1	1.1
2009	2	1.2
2009	3	1.3
2009	4	1.4
2010	1	2.1
2010	2	2.2

续表

年	月	值
2010	3	2.3
2010	4	2.4

要求查询结果如表 4.15 所示。

表 4.15 查询结果

年	m1	m2	m3	m4
2009	1.1	1.2	1.3	1.4
2010	2.1	2.2	2.3	2.4

【解题思路】

电影《女男变错身》中是男女互换身份，这道题其实也是“互换身份”，叫作行列互换问题，就是将一维图表（见图 4.19）转换为二维图表（见图 4.20）。

年	月	值
2009	1	1.1
2009	2	1.2
2009	3	1.3
2009	4	1.4
2010	1	2.1
2010	2	2.2
2010	3	2.3
2010	4	2.4

图 4.19 一维图表

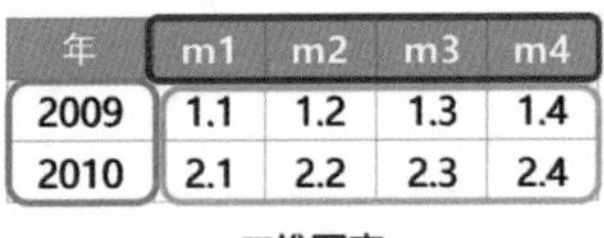

年	m1	m2	m3	m4
2009	1.1	1.2	1.3	1.4
2010	2.1	2.2	2.3	2.4

图 4.20 二维图表

（1）输出行列互换的表结构。

可以看出，需要输出的有 5 列，其中只有“年”这一列是表“cook”中原有的，其他 4 列（也就是 2 ~ 5 列：m1 列对应的是 1 月份、m2 列对应的是 2 月份、m3 列对应的是 3 月份、m4 列对应的是 4 月份）需要自己创建，如图 4.21 所示。

年	m1	m2	m3	m4
2009	1.1	1.2	1.3	1.4
2010	2.1	2.2	2.3	2.4

图 4.21 需要自己创建的二维图表

创建 m1 列、m2 列、m3 列、m4 列的 SQL 语句的书写方法如下：

```
select 年,m1,m2,m3,m4
from cook;
```

查询结果如图 4.22 所示。可以看出查询结果和题目要求的查询结果（见表 4.15）的列名结构一样，但是 2 ~ 5 列（m1、m2、m3、m4）的值不是题目要求的。

（2）如何将 2 ~ 5 列的值替换成对应的值?

可以用 case 表达式进行多条件判断来替换，如图 4.23 所示。

年	m1	m2	m3	m4
2009	m1	m2	m3	m4
2009	m1	m2	m3	m4
2009	m1	m2	m3	m4
2009	m1	m2	m3	m4
2010	m1	m2	m3	m4
2010	m1	m2	m3	m4
2010	m1	m2	m3	m4
2010	m1	m2	m3	m4

图 4.22　第 2 ~ 5 列的值

```
case when <判断表达式> then <表达式>
     when <判断表达式> then <表达式>
     when <判断表达式> then <表达式>
     ...
     else <表达式>
end
```

图 4.23　case 表达式

年份和月份匹配，则为对应值，不匹配则为 0。

SQL 语句的书写方法如下：

```
select 年,
       (case 月 when '1' then 值 else 0 end) as m1,
       (case 月 when '2' then 值 else 0 end) as m2,
       (case 月 when '3' then 值 else 0 end) as m3,
       (case 月 when '4' then 值 else 0 end) as m4
from cook;
```

在这个查询结果中，每一行表示某年某月的某个值。

比如，第一行是 2009 年 1 月（m1）的值，而其他 3 列 m2、m3、m4 的值为 0，如图 4.24 所示。

第二行是 2009 年 2 月（m2）的值，而其他 3 列 m1、m3、m4 的值为 0。其他行依次类推，如图 4.25 所示。

年	m1	m2	m3	m4
2009	1.1	0	0	0
2009	0	1.2	0	0
2009	0	0	1.3	0
2009	0	0	0	1.4
2010	2.1	0	0	0
2010	0	2.2	0	0
2010	0	0	2.3	0
2010	0	0	0	2.4

图 4.24　第一行中多出的 0 值

年	m1	m2	m3	m4
2009	1.1	0	0	0
2009	0	1.2	0	0
2009	0	0	1.3	0
2009	0	0	0	1.4
2010	2.1	0	0	0
2010	0	2.2	0	0
2010	0	0	2.3	0
2010	0	0	0	2.4

图 4.25　第二行中多出的 0 值

又向目标接近了一步，但是多出来的 0 值，怎么办?

（3）去掉 0 值，简化表格的行数。

可以使用分组汇总来实现。按“年”分组（group by 子句），然后用汇总函数 max() 提取出每组中为非 0 的值（也就是这个案例中的某年某月对应的数值）。

SQL 语句的书写方法如下：

```
select 年,
max(case 月 when '1' then 值 else 0 end) as 'm1',
max(case 月 when '2' then 值 else 0 end) as 'm2',
max(case 月 when '3' then 值 else 0 end) as 'm3',
max(case 月 when '4' then 值 else 0 end) as 'm4'
from cook
group by 年;
```

这个 SQL 语句的运行过程如图 4.26 和图 4.27 所示。

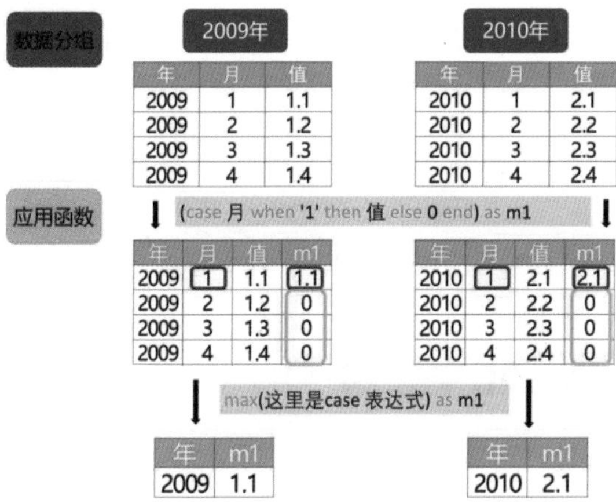

图 4.26　SQL 运行过程 1

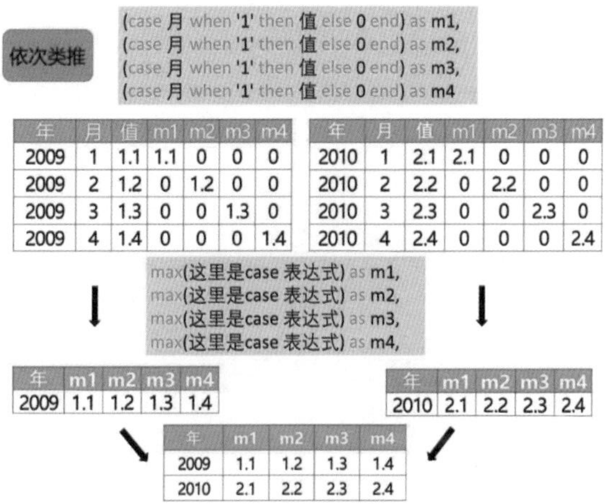

图 4.27　SQL 运行过程 2

这样我们就得到了要求的查询结果表（行列互换）。

【本题考点】

（1）考查用 case 表达式进行数据替换和多条件判断的方法。

（2）遇到行列互换的问题时（见图 4.28），可以用下面的万能模板来解决。

A	B	C
a	m	2
a	n	4
b	m	1
b	n	3

⬇

A	m	n
a	2	4
b	1	3

图 4.28　行列互换

```
select A,
-- 第 2 步，在行列互换结果表中，其他列里的值分别使用 case 和 max 来获取
max(case B when 'm' then C else 0 end) as 'm',
max(case B when 'n' then C else 0 end) as 'n'
from cook
-- 第 1 步，在行列互换结果表中按第 1 列分组
group by A;
```

面试题 17：行列互换【举一反三】

【题目】

表 4.16 所示为学生的“成绩表”（列名：学号、课程、成绩）。

表 4.16　成绩表

学号	课程	成绩
1	语文	80
1	数学	90
2	语文	75
2	数学	85

使用 SQL 语句将该表转换为如表 4.17 所示的结构。

表 4.17　行列互换后的成绩表

学号	语文成绩	数学成绩
1	80	90
2	75	85

【解题思路】

SQL 语句的书写方法如下：

```
select 学号 ,
-- 第 2 步，在行列互换结果表中，其他列里的值分别使用 case 和 max 来获取
max(case 课程 when '语文' then 成绩 else 0 end) as 语文成绩 ,
max(case 课程 when '数学' then 成绩 else 0 end) as 数学成绩
from 成绩表
-- 第 1 步，在行列互换结果表中按第 1 列分组
group by 学号 ;
```

查询结果如表 4.18 所示。

表 4.18　行列互换后的成绩表

学号	语文成绩	数学成绩
1	80	90
2	75	85

05 第 5 章 多表查询

本章介绍第 2 章 2.2.4 节 “多表查询”相关的知识和面试题。

考查知识点：

- 连接的类型（左连接、右连接、内连接等）、多表连接的 SQL 语句写法。

多表查询就是将数据库中两张及以上的表合并到一起再进行查询的操作。多表查询也叫作多表连接。

5.1　多表查询问题的解题步骤

遇到多表查询（多表连接）问题时，解题步骤如下。

（1）什么时候需要用多表连接？

当需要查询的数据涉及多个表时，需要想到用多表连接的方法。

（2）选择哪种类型的连接？

SQL 中多表连接的类型包括内连接 (inner join)、左连接 (left join)、右连接 (right join)、全连接 (full join)。如何选择呢？

在实际业务中，当想要生成固定行数的表单或者特别说明了要哪一个表里的全部数据时，就使用左连接或者右连接。其他情况用内连接，取两个表的公共部分。

全连接的本质是返回左右表中的所有数据，但是全连接在实际工作中应用频率比较低，因为很少有业务问题需要用两个表中的所有数据。同时，有些数据库不支持全连接功能。

（3）多个表之间通过哪个字段连接？

一般多个表会通过某个字段产生关联，这在实际业务问题中会有明确说明。

（4）写出对应连接的 SQL 语句。

多表连接使用 join 操作语句。各个类型连接的 SQL 语句，总结为如图 5.1 所示，可以说，记住这张图中的 SQL 连接语句，就掌握了多表查询。读者可以把这张图看作多表查询的万能模板。

万能模板　多表查询

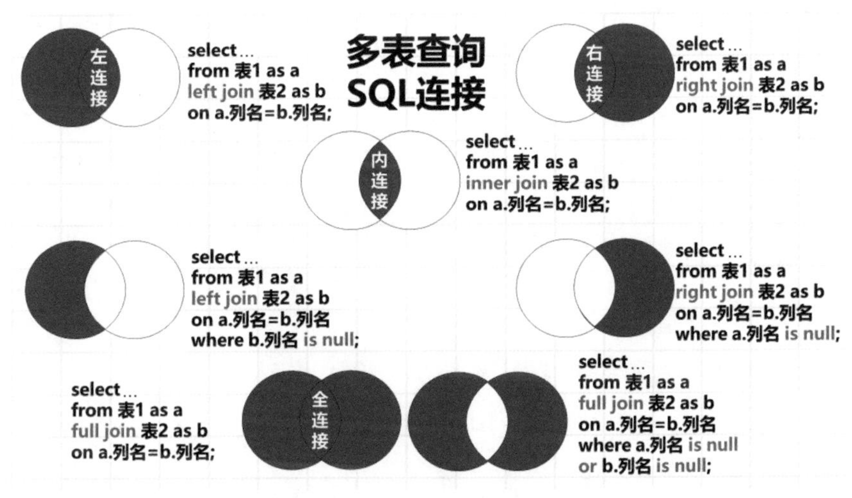

图 5.1　多表查询图

现在我们通过面试题，具体学习上面介绍的多表查询。

5.2 多表查询面试题

面试题 18：多表查询的应用

【题目】

有“学生信息表”和“学生成绩表”，这两个表通过字段“学号”关联，如表 5.1 和表 5.2 所示。

现在要查找出所有学生的学号、姓名、课程和成绩。

表 5.1 学生信息表

学号	姓名
001	张三
002	李四
003	王五
004	赵六

表 5.2 学生成绩表

学号	课程	成绩
001	语文	90
001	数学	65
002	语文	68
002	数学	96
003	数学	55

【解题思路】

（1）什么时候需要用多表连接?

查询结果中的学号、姓名在“学生信息表”中，课程、成绩在“学生成绩表”中。当需要查询的数据涉及多个表时，需要想到用多表连接。

（2）选择哪种类型的连接?

题目中要求查找“所有学生”，而“所有学生”在“学生信息表”里。为什么“所有学生”不在“学生成绩表”里呢?

如果有的学生没有选修课程，那么他就不会出现在“学生成绩表”里，所以“学生成绩表”没有包含“所有学生”。

用“学生信息表”（左表）左连接“学生成绩表”，并保留“学生信息表”的全部数据。

（3）多个表之间通过哪个字段连接?

这两个表通过字段“学号”进行连接（on a. 学号 =b. 学号）。

（4）写出对应连接的 SQL 语句。

从图 5.1 所示的多表查询图中找出“左连接”的 SQL 语句。

把左连接的 SQL 语句套用到本题中，就得到如下答案：

```
select a.学号,a.姓名,b.课程,b.成绩
from 学生信息表 as a
left join 学生成绩表 as b
on a.学号=b.学号;
```

这个面试题中，“学生信息表”用 as 关键字重命名为别名 a，“学生成绩表”用 as 关键字重命名为别名 b。需要注意的是，多表查询时，当两个表有重复字段时，为了区别，需要在使用的字段前面加上表的别名，标明字段来自哪个表。因为在部分数据库中，如果不写上重名字段的来源，查询时就会报错。

面试题 19：退款分析

【题目】

有“订单表”和“退款表”，这两个表通过字段“订单号”“商品号”关联，如图 5.2 所示。

分析各订单的退款率（这里的退款率公式为：退款率 = 退款金额 / 订单金额）。

订单表　　一对一　　**退款表**

订单号	商品号	下单时间	金额	数量
00A	sku01	2022-03-01	80	2
00A	sku02	2022-03-01	60	1
00B	sku01	2022-03-02	40	1
00B	sku03	2022-03-02	150	5

订单号	商品号	退款时间	金额	数量
00A	sku01	2022-04-21	40	1
00A	sku02	2022-04-21	60	1
00B	sku01	2022-04-21	40	1
00B	sku03	2022-04-21	60	2

图 5.2　“订单表”与“退款表”

【解题思路】

（1）什么时候需要用多表连接？

求退款率，需要知道退款金额和订单金额。退款金额在“退款表”中，订单金额在“订单表”中，故要使用多表连接。涉及多个表时，需要想到用多表连接。

（2）选择哪种类型的连接？

因为要分析各订单的退款率，全部订单在“订单表”中，所以要保留“订单表”中的全部数据。因此，用“订单表”（左表）左连接“退款表”。

（3）多个表之间通过哪个字段连接？

这两个表通过“订单号”和“商品号”关联。

连接条件如下：

```
on a.订单号 = b.订单号
and a.商品号 = b.商品号
```

（4）写出对应连接的 SQL 语句。

从图 5.1 所示的多表查询图中找出“左连接”的 SQL 语句，套用到本题中，如下：

```
select *
from 订单表 as a
left join 退款表 as b
on a.订单号 = b.订单号
and a.商品号 = b.商品号;
```

（5）计算退款率。

退款率 = 退款金额 / 订单金额。

题目要求计算每个订单号的退款金额，所以需要用到分组汇总。按“订单号”分组（group by 子句），然后用汇总函数（求和 sum()）计算出总的退款金额、总的订单金额，就可以得到退款率：

```
sum(b.金额)/sum(a.金额)
```

最终 SQL 语句的书写方法如下：

```
select a.订单号,
       sum(b.金额)/sum(a.金额) as "退款率"
from 订单表 as a
left join 退款表 as b
on a.订单号 = b.订单号
and a.商品号 = b.商品号
group by a.订单号;
```

查询结果如表 5.3 所示。

表 5.3　查询结果

订单号	退款率
00A	71%
00B	53%

面试题 20：库存分析

【题目】

“订单表”记录了各商品不同尺码近 7 天的销量数据，“库存表”记录了最新的各商品不同尺码库存数。这两个表通过“商品号”“尺码”关联，如表 5.4 和表 5.5 所示。

分析每个商品不同尺码的存销比，其中存销比 = 库存数 / 近 7 天销量。

表 5.4　订单表

订单号	商品号	尺码	近 7 天销量
00A	sku01	S	10

续表

订单号	商品号	尺码	近 7 天销量
00A	sku02	L	15
00A	sku01	M	13
00A	sku01	XL	12
00B	sku02	S	20
00B	sku01	L	13
00C	sku02	M	16

表 5.5 库存表

商品号	尺码	库存数
sku01	S	30
sku01	M	50
sku01	L	50
sku01	XL	30
sku02	S	40
sku02	M	60
sku02	L	60
sku02	XL	40

【解题思路】

（1）什么时候需要用多表连接?

存销比 = 库存数 / 近 7 天销量。

库存数在“库存表”中，近 7 天销量在“订单表”中，涉及多个表时，需要想到用多表连接。

（2）选择哪种类型的连接?

题目没要求选出哪个表的全部数据，所以，我们用内连接，取两个表的公共部分。

（3）多个表之间通过哪个字段连接?

这两个表通过“商品号”和“尺码”关联。

（4）写出对应连接的 SQL 语句。

从图 5.1 所示的“多表查询图”中找出“内连接”的 SQL 语句，套用到本题中，如下:

```
select *
from 订单表 as a
```

```
inner join 库存表 as b
on a.商品号 = b.商品号
and a.尺码 = b.尺码;
```

（5）计算存销比。

存销比 = 库存数 / 近 7 天销量。

题目要求计算每个商品不同尺码的存销比，所以需要分组汇总，按“商品号、尺码”分组（group by 子句）。

汇总的时候用求和函数 sum():

```
sum(b.库存数)/sum(a.近7天销量) as "存销比"
```

最终 SQL 语句的书写方法如下:

```
select a.商品号,a.尺码,
       sum(b.库存数)/sum(a.近7天销量) as "存销比"
from 订单表 as a
inner join 库存表 as b
on a.商品号 = b.商品号
and a.尺码 = b.尺码
group by a.商品号,a.尺码;
```

查询结果如表 5.6 所示。

表 5.6　查询结果

商品号	尺码	存销比
sku01	L	3.85
sku01	M	3.85
sku01	S	3.00
sku01	XL	2.50
sku02	L	4.00
sku02	M	3.75
sku02	S	2.00

面试题 21：营销带货销量分析

【题目】

某电商公司请了某红人做推广营销，并设置专属优惠券，券码为 01，主推品类 B，我们将满足以下条件的订单作为红人订单：包含主推品类 B，且使用红人专属优惠券。

表 5.7 和表 5.8 所示为该公司的“订单表”和“品类表”。“订单表”记录了订单流水信息，表中的“优惠券码”字段值为字符串类型。“品类表”记录了“商品号”对应的品类。请分析该红人带来多少订单和销售额。

表 5.7　订单表

订单号	商品号	支付金额	优惠券码
00A	sku01	60	01
00A	sku02	40	01
00B	sku02	60	02
00C	sku03	40	03
00C	sku01	80	03
00C	sku06	60	03
00D	sku04	80	01
00D	sku05	80	01
00E	sku02	80	04
00E	sku04	80	04

表 5.8　品类表

商品号	商品类型
sku01	A
sku02	B
sku03	C
sku04	C
sku05	A
sku06	C

【解题思路】

现在需要分析该红人带来多少订单和销售额。注意这里计算的是整个订单的总销售额，而不是该订单中满足条件的商品金额。

例如，一个订单中有两个商品，其中有一个商品满足条件，则该订单为目标订单，我们需要计算这个订单的总销售额。

我们将问题拆解为下面两步。

（1）找出红人订单。

红人订单，也就是满足条件——优惠券码为 01 且商品类型为 B 的订单。

“优惠券码”在“订单表”中，“商品类型”在“品类表”中，涉及多个表，需要想到用多表连接。题目没要求选出哪个表的全部数据，所以我们用内连接，取两个表的公共部分。

通过观察，可以发现这两个表通过“商品号”关联，如图 5.3 所示。

订单表

订单号	商品号	支付金额	优惠券码
00A	sku01	60	01
00A	sku02	40	01
00B	sku02	60	02
00C	sku03	40	03
00C	sku01	80	03
00C	sku06	60	03
00D	sku04	80	01
00D	sku05	80	01
00E	sku02	80	04
00E	sku04	80	04

①inner join

品类表

商品号	商品类型
sku01	A
sku02	B
sku03	C
sku04	C
sku05	A
sku06	C

图 5.3 通过“商品号”关联两个表

用内连接，SQL 语句的书写方法如下：

```
select a.订单号
from 订单表 as a
inner join 品类表 as b
on a.商品号 = b.商品号;
```

多表连接结果如图 5.4 所示。

订单号	商品号	支付金额	优惠券码	商品号	商品类型
00A	sku01	60	01	sku01	A
00A	sku02	40	01	sku02	B
00B	sku02	60	02	sku02	B
00C	sku03	40	03	sku03	C
00C	sku01	80	03	sku01	A
00C	sku06	60	03	sku06	C
00D	sku04	80	01	sku04	C
00D	sku05	80	01	sku05	A
00E	sku02	80	04	sku02	B
00E	sku04	80	04	sku04	C

图 5.4 多表连接结果

找出符合条件的红人订单，例如图 5.4 中订单号为“00A”的订单就是符合条件的红人订单，在多表连接中加入 where 条件，SQL 语句的书写方法如下：

```
select a.订单号
from 订单表 as a
inner join 品类表 as b
on a.商品号 = b.商品号
where a.优惠券码 = '01'
and b.商品类型 = 'B';
```

把该查询结果标记为临时表 A1，如图 5.5 所示。

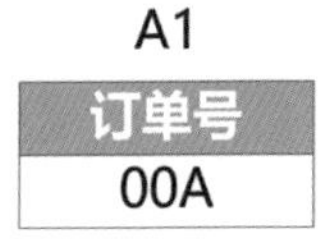
A1

订单号
00A

图 5.5　查询结果临时表

（2）统计红人订单的订单数和总销售额。

第（1）步已经得到了红人订单号，那么用这个订单号在“订单表”中就可以筛选出红人订单，然后用汇总函数统计订单数（count() 函数，注意去重）、总销售额（sum() 函数），如图 5.6 所示。

订单表

订单号	商品号	支付金额	优惠券码
00A	sku01	60	01
00A	sku02	40	01
00B	sku02	60	02
00C	sku03	40	03
00C	sku01	80	03
00C	sku06	60	03
00D	sku04	80	01
00D	sku05	80	01
00E	sku02	80	04
00E	sku04	80	04

Where
订单表.订单号 in A1

A1

订单号
00A

图 5.6　筛选红人订单

注意，这里筛选条件用 in 语句，因为临时表 A1（子查询）的结果可能有多个数据。

SQL 语句的书写方法如下：

```
select count(distinct 订单号) as "红人带单数",
       sum(支付金额) as "红人带单金额"
from 订单表
where 订单号 in A1;
```

将临时表 A1（子查询）的 SQL 语句代入上述 SQL 语句，即可得到本题最终的 SQL 语句：

```
select count(distinct 订单号) as "红人带单数",
       sum(支付金额) as "红人带单金额"
from 订单表
where 订单号 in (
select a.订单号
from 订单表 as a
inner join 品类表 as b
```

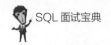

```
on a.商品号 = b.商品号
where a.优惠券码 = '01'
and b.商品类型 = 'B'
)
```

查询结果如表 5.9 所示。

表 5.9　查询结果

红人带单数	红人带单金额
1	100

【本题考点】

（1）考查面对复杂问题的拆解分析能力。

（2）考查多表查询的使用。涉及多个表时，需要想到用多表连接。

（3）考查汇总函数的灵活应用。

（4）考查 in（子查询）语句的灵活应用。

面试题 22：寻找设计师

【题目】

某服装店铺有两个表："物料清单表"记录了设计款号（服装款号）、设计师、物料号，"面料信息表"记录了物料类型信息，如表 5.10 和表 5.11 所示。

表 5.10　物料清单表

设计款号	设计师	物料号
00A	01	sku01
00A	01	sku02
00B	02	sku02
00B	02	sku03
00B	02	sku04
00C	03	sku01
00C	03	sku03
00C	03	sku04
00E	01	sku01
00E	01	sku03

表 5.11　面料信息表

物料号	物料类型
sku01	面料
sku02	面料
sku03	辅料
sku04	里料

分析设计师 01 使用了多少种面料和多少种辅料。

【解题思路】

（1）多表连接判断。

现在要分析设计师 01 使用了多少种面料和多少种辅料。

通过观察这两个表，可以发现面料、辅料是“面料信息表”中“物料类型”列中的值，而“设计师”在“物料清单表”中。所以涉及多个表，可以用多表连接。

题目没要求选出哪个表的全部数据，所以我们用内连接，取两个表的公共部分。

通过观察，可以发现这两个表通过“物料号”关联，如图 5.7 所示。

物料清单表

设计款号	设计师	物料号
00A	01	sku01
00A	01	sku02
00B	02	sku02
00B	02	sku03
00B	02	sku04
00C	03	sku01
00C	03	sku03
00C	03	sku04
00E	01	sku01
00E	01	sku03

inner join

面料信息表

物料号	物料类型
sku01	面料
sku02	面料
sku03	辅料
sku04	里料

图 5.7　通过“物料号”关联两个表

内连接的 SQL 语句的书写方法如下：

```
select *
from 物料清单表 as a
inner join 面料信息表 as b
on a.物料号 = b.物料号;
```

（2）筛选满足条件的数据。

筛选条件是设计师为 01 且物料类型为面料和辅料，在第（1）步的 SQL 语句中加入以下条件：

```
where 设计师 = '01'
and 物料类型 in ('面料','辅料');
```

（3）计算设计师 01 使用了多少种面料和多少种辅料。

这句话翻译成白话就是，该设计师使用物料类型（面料、辅料）的数量，所以可以用分组汇总。

按物料类型分组（group by 子句），然后汇总（计数函数 count()）。最终的 SQL 语句如下：

```
select 物料类型,
       count(distinct 物料号) as "面料数"
from 物料清单表 as a
inner join 面料信息表 as b
on a.物料号 = b.物料号
where 设计师 = '01'
and 物料类型 in ('面料','辅料')
group by 物料类型;
```

查询结果如表 5.12 所示。

表 5.12　查询结果

物料类型	面料数
面料	2
辅料	1

面试题 23：三表连接

【题目】

表 5.13 所示“订单表”记录了商品的支付金额，表 5.14 所示“运费表”记录了商品的运费，表 5.15 所示“品类表”记录了商品类型。

表 5.13　订单表

订单号	商品号	支付金额
00A	sku01	60
00A	sku02	40
00B	sku01	60
00B	sku02	40
00B	sku01	80

续表

订单号	商品号	支付金额
00C	sku02	60
00C	sku03	80

表 5.14 运费表

订单号	包裹号	商品号	运费
00A	001	sku01	5
00A	001	sku02	6
00B	002	sku01	5
00B	002	sku02	6
00B	003	sku01	10
00C	004	sku02	5
00C	004	sku03	10

表 5.15 品类表

商品号	商品类型
sku01	A
sku02	B
sku03	C

现需要查询每个商品类型的运费占比，其中，运费占比 = 总运费 / 总支付金额。

【解题思路】

计算每类商品的运费占比需要知道支付金额、运费和商品类型。

支付金额、运费和商品类型分别在“订单表”、“运费表”和“品类表”中，所以需要连接三个表。然后按照商品类型分组，汇总计算支付金额和运费，从而得到运费占比。

（1）连接三个表。

连接需要选择合适的连接列，通过观察我们发现“订单表”和“运费表”通过“订单号”和“商品号”关联，连接呈一对一的关系，而“品类表”通过“商品号”分别和其他两个表的“商品号”呈一对多的关系，如图 5.8 所示。

订单表(T1)

订单号	商品号	支付金额
00A	sku01	60
00A	sku02	40
00B	sku01	60
00B	sku02	40
00B	sku03	80
00C	sku01	60
00C	sku03	80

运费表(T2)

订单号	商品号	包裹号	运费
00A	sku01	001	5
00A	sku02	001	6
00B	sku01	002	5
00B	sku02	002	6
00B	sku03	003	10
00C	sku01	004	5
00C	sku03	004	10

品类表(T3)

商品号	商品类型
sku01	A
sku02	B
sku03	C

通过(订单号+商品号)呈一对一关系

通过商品号呈一对多关系

通过商品号呈一对多关系

图 5.8　三个表的关联方式

将三个表连接的 SQL 语句如下：

```
select *
from 订单表 as T1
inner join 运费表 as T2
on T1.订单号 = T2.订单号 and T1.商品号 = T2.商品号
inner join 品类表 as T3
on T1.商品号 = T3.商品号;
```

多表连接结果如图 5.9 所示。

订单号	商品号	支付金额	订单号	商品号	包裹号	运费	商品号	商品类型
00A	sku01	60	00A	sku01	001	5	sku01	A
00A	sku02	40	00A	sku02	001	6	sku02	B
00B	sku01	60	00B	sku01	002	5	sku01	A
00B	sku02	40	00B	sku02	002	6	sku02	B
00B	sku03	80	00B	sku03	003	10	sku03	C
00C	sku01	60	00C	sku01	004	5	sku01	A
00C	sku03	80	00C	sku03	004	10	sku03	C

图 5.9　多表连接结果

（2）分组汇总。

得到连接结果表后，按照商品类型分组，如图 5.10 所示。

对支付金额求和得到总支付金额（sum(支付金额)），对运费求和得到总运费（sum(运费)）。

然后计算运费占比，运费占比 = 总运费 / 总支付金额。

连接结果表 VT1

订单号	商品号	支付金额	订单号	商品号	包裹号	运费	商品号	商品类型
00A	sku01	60	00A	sku01	001	5	sku01	A
00B	sku01	60	00B	sku01	002	5	sku01	A
00C	sku01	60	00C	sku01	004	5	sku01	A
00A	sku02	40	00A	sku02	001	6	sku02	B
00B	sku02	40	00B	sku02	002	6	sku02	B
00B	sku03	80	00B	sku03	003	10	sku03	C
00C	sku03	80	00C	sku03	004	10	sku03	C

按照商品类型分组

sum(支付金额)　　sum(运费)

图 5.10　按照商品类型分组的连接结果表

SQL 语句的书写方法如下：

```
select 商品类型，
        sum( 支付金额 ) as "总支付金额",
        sum( 运费 ) as "总运费",
        sum( 运费 )/sum( 支付金额 ) as "运费占比"
from 订单表 as T1
inner join 运费表 as T2
on T1.订单号 = T2.订单号 and T1.商品号 = T2.商品号
inner join 品类表 as T3
on T1.商品号 = T3.商品号
group by 商品类型；
```

查询结果如表 5.16 所示。

表 5.16　查询结果

商品类型	总支付金额	总运费	运费占比
00A	180	15	0.083
00B	80	12	0.15
00C	160	20	0.125

面试题 24：人力行政

【题目】

公司用 3 个表记录员工的信息和薪水。其中，“雇员表”记录了员工的姓名、雇用日期等信息，如表 5.17 所示。

表 5.17　雇员表

雇员编号	出生日期	名	姓	性别	雇用日期
10001	1953/9/2	Georgi	Facello	M	1986/6/26
10002	1964/6/2	Bezalel	Simmel	F	1985/11/21

续表

雇员编号	出生日期	名	姓	性别	雇用日期
10003	1959/12/3	Parto	Bamford	M	1986/8/28
10004	1954/5/1	Chirstian	Koblick	M	1986/12/1
10005	1955/1/21	Kyoichi	Maliniak	M	1989/9/12
10006	1953/4/20	Anneke	Preusig	F	1989/6/2
10007	1957/5/23	Tzvetan	Zielinski	F	1989/2/10
10008	1958/2/19	Saniya	Kalloufi	M	1994/9/15
10009	1952/4/19	Sumant	Peac	F	1985/2/18
10010	1963/6/1	Duangkaew	Piveteau	F	1989/8/24
10011	1953/11/7	Mary	Sluis	F	1990/1/22

“雇员奖金表”记录了员工发放奖金的信息。其中，奖金有 3 种类型（“奖金类型”列中的值），如表 5.18 所示。

- 奖金类型的值是 1，表示奖金金额为薪水的 10%。
- 奖金类型的值是 2，表示奖金金额为薪水的 20%。
- 奖金类型的值是 3，表示奖金金额为薪水的 30%。

表 5.18　雇员奖金表

雇员编号	接收日期	奖金类型
10001	2010/1/1	1
10002	2010/10/1	2
10003	2011/12/3	3
10004	2010/1/1	1

“薪水表”记录了员工发放薪水相关的信息。其中，在“薪水表”中，结束日期 ='9999-01-01' 的数据表示是员工当前薪水，如表 5.19 所示。

表 5.19　薪水表（展示前 5 行）

雇员编号	薪水	起始日期	结束日期
10001	60117	1986/6/26	1987/6/26
10001	62102	1987/6/26	1988/6/25
10001	66074	1988/6/25	1989/6/25
10001	66596	1989/6/25	1990/6/25
10001	66961	1990/6/25	1991/6/25

问题：查找雇员编号、名、姓、奖金类型、对应的当前薪水及奖金金额。

【解题思路】

（1）题目要求输出雇员编号、名、姓、奖金类型、对应的当前薪水及奖金金额。

雇员编号在3个表中都有，名和姓在“雇员表”中，奖金类型在“雇员奖金表”中，薪水在“薪水表”中。

涉及 3 个表，需要将 3 个表连接起来。题目没有要求查找哪个表的全部数据，所以使用内连接。

将 3 个表连接起来的 SQL 语句如下：

```
select c.雇员编号,a.名,a.姓,b.奖金类型,c.薪水
from 雇员表 as a
inner join 雇员奖金表 as b
on a.雇员编号 = b.雇员编号
inner join 薪水表 as c
on a.雇员编号 = c.雇员编号
```

（2）题目要求查找当前薪水，也就是满足结束日期 ='9999-01-01' 的数据，所以用 where 子句进行筛选：

```
select c.雇员编号,a.名,a.姓,b.奖金类型,c.当前薪水
from 雇员表 as a
inner join 雇员奖金表 as b
on a.雇员编号 = b.雇员编号
inner join 薪水表 as c
on a.雇员编号 = c.雇员编号
where c.结束日期 = '9999-01-01';
```

查询结果如表 5.20 所示。

表 5.20　查询结果

雇员编号	名	姓	奖金类型	当前薪水
10001	Georgi	Facello	1	88958
10002	Bezalel	Simmel	2	72527
10003	Parto	Bamford	3	43311
10004	Chirstian	Koblick	1	74057

（3）题目还要求计算奖金金额。

奖金分为以下 3 种类型。

- 奖金类型的值是 1，表示奖金金额为薪水的 10%。
- 奖金类型的值是 2，表示奖金金额为薪水的 20%。

- 奖金类型的值是 3，表示奖金金额为薪水的 30%。

举例说明，编号为 10001 的员工，奖金类型为 1，则其奖金 = 当前薪水 ×0.1 =88958 × 0.1 = 8895.8。

奖金分为 3 种类型，则说明这是多条件判断问题，要想到用 case 表达式实现（见 4.4 节）。

这里的 SQL 语句书写方法如下：

```
(case 奖金类型 when 1 then 当前薪水 *0.1
               when 2 then 当前薪水 *0.2
               else 当前薪水 *0.3
end) as 奖金金额 ;
```

把前面几步的 SQL 语句合并在一起，就是最终答案：

```
select c. 雇员编号 ,a. 名 ,a. 姓 ,b. 奖金类型 ,c. 当前薪水 ,
        (case b. 奖金类型 when 1 then c. 当前薪水 *0.1
                          when 2 then c. 当前薪水 *0.2
                          else c. 当前薪水 *0.3
        end) as 奖金金额
from 雇员表 as a
inner join 雇员奖金表 as b
on a. 雇员编号 = b. 雇员编号
inner join 薪水表 as c
on a. 雇员编号 = c. 雇员编号
where c. 结束日期 = '9999-01-01';
```

查询结果如表 5.21 所示。

表 5.21　查询结果

雇员编号	名	姓	奖金类型	当前薪水	奖金金额
10001	Georgi	Facello	1	88958	8895.8
10002	Bezalel	Simmel	2	72527	14505.4
10003	Parto	Bamford	3	43311	12993.3
10004	Chirstian	Koblick	1	74057	7405.7

面试题 25：找出你喜欢的电影

【题目】

某电影网站通过 3 个表记录电影相关的信息。其中，“电影表”记录了电影编号、电影名称、电影描述信息，如表 5.22 所示。

表 5.22　电影表

电影编号	电影名称	电影描述信息
1	肖申克的救赎	希望让人自由
2	霸王别姬	风华绝代
3	阿甘正传	一部美国近代史
4	机器人总动员	机器人小瓦利，大人生
5	这个杀手不太冷	怪叔叔和小朋友不得不说的故事
6	美丽人生	最美的谎言
7	阿凡达	绝对意义上的美
8	盗梦空间	诺兰给了我们一场无法被盗取的梦
9	楚门的世界	如果再也不能见到你，祝你早安、午安、晚安
10	星际穿越	爱是一种力量，让我们超越时空感知它的存在

“类别表”记录了电影属于哪个类别的信息，包括电影类别编号、电影类别名称、最后更新时间，如表 5.23 所示。

表 5.23　类别表

电影类别编号	电影类别名称	最后更新时间
1	犯罪	2020-05-05
2	爱情	2020-05-06
3	科幻	2020-05-10

“电影类别表”记录了电影编号和电影类别编号的关系，如表 5.24 所示。

表 5.24　电影类别表

电影编号	电影类别编号	最后更新时间
1	1	2020-05-01
2	2	2020-05-02
3	2	2020-05-03
4	3	2020-05-04
5	1	2020-05-05
6	2	2020-05-06
7	3	2020-05-07
8	3	2020-05-08
9	3	2020-05-09
10	3	2020-05-10

这 3 个表的关系如图 5.11 所示。“电影表”和“电影类别表”通过“电影编号”字段连接。“电影类别表”和“类别表”通过“电影类别编号”字段连接。

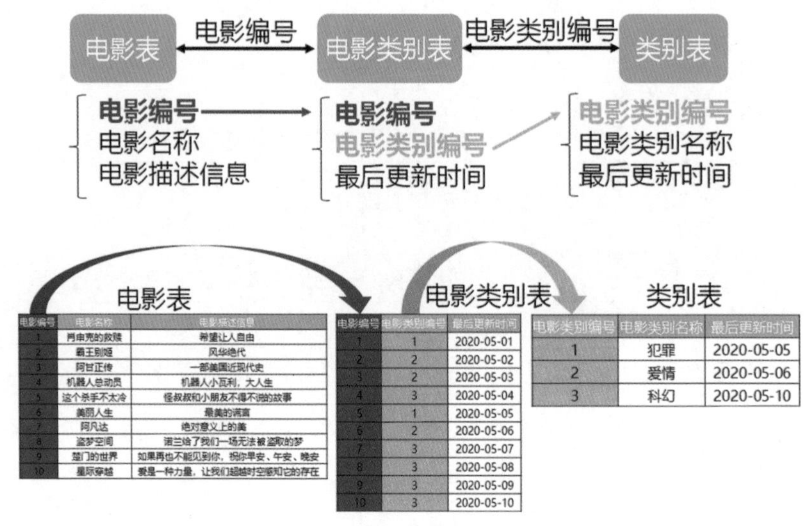

电影编号	电影名称	电影描述信息
1	肖申克的救赎	希望让人自由
2	霸王别姬	风华绝代
3	阿甘正传	一部美国近现代史
4	机器人总动员	机器人小瓦利，大人生
5	这个杀手不太冷	怪叔叔和小朋友不得不说的故事
6	美丽人生	最美的谎言
7	阿凡达	绝对意义上的美
8	盗梦空间	诺兰给了我们一场无法被盗取的梦
9	楚门的世界	如果再也不能见到你，祝你早安、午安、晚安
10	星际穿越	爱是一种力量，让我们超越时空感知它的存在

电影编号	电影类别编号	最后更新时间
1	1	2020-05-01
2	2	2020-05-02
3	2	2020-05-03
4	3	2020-05-04
5	1	2020-05-05
6	2	2020-05-06
7	3	2020-05-07
8	3	2020-05-08
9	3	2020-05-09
10	3	2020-05-10

电影类别编号	电影类别名称	最后更新时间
1	犯罪	2020-05-05
2	爱情	2020-05-06
3	科幻	2020-05-10

图 5.11　3 个表的连接关系图

例如，电影《肖申克的救赎》在“电影表”中的电影编号是 1，在“电影类别表”中的电影类别编号是 1，通过这个编号，可以在“类别表”中查找到该电影的电影类别名称是“犯罪”。

问题：输出电影类别名称及其对应的电影数，要求电影描述信息中含有关键字“机器人”，且电影类别满足该电影类别下拥有的总电影数≥ 5。

【解题思路】

（1）输出电影类别名称及其对应的电影数。

电影类别名称在“类别表”中。电影数需要对电影编号进行计数（count() 函数），而电影编号在“电影类别表”中。所以，涉及多个表，需要想到用多表连接。如何连接呢？

因为要统计电影类别中所有的电影数，所以，连接方式选择以“电影类别表”为左表，进行左连接。

SQL 语句的书写方法如下：

```
select *
from 电影类别表 as a
left join 类别表 as b
on a.电影类别编号 = b.电影类别编号;
```

（2）题目要求统计的是电影描述信息中含有关键字“机器人”的电影数。

电影描述信息在“电影表”中，所以，还要进一步连接“电影表”和“电影类别表”。以“电影表”为左表，进行左连接。连接条件为“电影编号”。

这样就形成了连接 3 个表的 SQL 语句，如下：

```
select *
from 电影类别表 as a
left join 类别表 as b
on a.电影类别编号 = b. 电影类别编号
left join 电影表 as c
on a.电影编号 = c.电影编号;
```

题目要求电影描述信息中包含关键字“机器人”，需要用到字符串模糊查询（like%），用法如图 5.12 所示。所以此题 where 子句中应该是 like '% 机器人 %'。

SQL 语句的书写方法如下：

```
from 电影类别表 as a
left join 类别表 as b
on a.电影类别编号 = b. 电影类别编号
left join 电影表 as c
on a.电影编号 = c.电影编号
where c.电影描述信息 like '%机器人%';
```

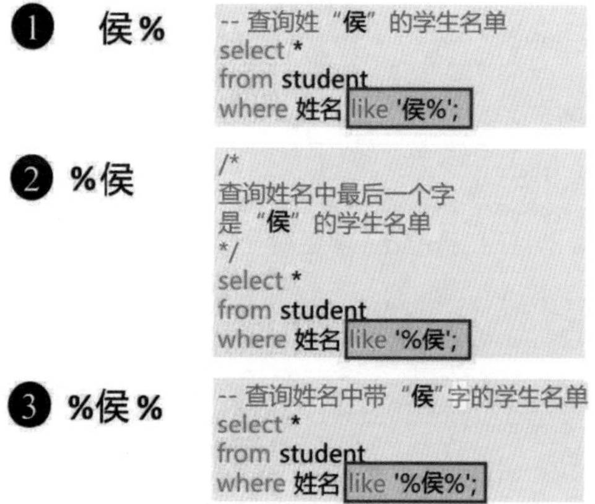

图 5.12　% 符号的用法

（3）题目要求，电影类别满足该电影类别下拥有的总电影数 ≥ 5。

“电影类别编号”和统计电影数的“电影编号”同时在“电影类别表”中。

所以，可以在该表中，按“电影类别编号”分组（group by 子句）。然后对分组后的结果，用 having 子句筛选出总电影数（count()）≥ 5。这样就得到了满足条件的“电影类别编号”。

SQL 语句的书写方法如下：

```
select 电影类别编号
from 电影类别表
group by 电影类别编号
having count( 电影类别编号 ) >= 5;
```

（4）将第（3）步得到的“电影类别编号”作为筛选条件，代入第（2）步的 SQL 语句中，条件筛选可以使用 in 语句。

SQL 语句的书写方法如下：

```
select *
from 电影类别表 as a
left join 类别表 as b
on a. 电影类别编号 = b. 电影类别编号
left join 电影表 as c
on a. 电影编号 = c. 电影编号
where c. 电影描述信息 like '% 机器人 %'
and a. 电影类别编号 in
(select 电影类别编号
from 电影类别表
group by 电影类别编号
having count( 电影类别编号 ) >= 5);
```

（5）统计每个电影类别名称下的电影数。

看到“每”字，要想到使用分组函数(group by 子句)，统计电影数目使用汇总函数(count())。

最终 SQL 语句的书写方法如下：

```
select b. 电影类别名称 ,count( 电影编号 ) as " 电影数 "
from 电影类别表 as a
left join 类别表 as b
on a. 电影类别编号 = b. 电影类别编号
left join 电影表 as c
on a. 电影编号 = c. 电影编号
where c. 电影描述信息 like '% 机器人 %'
and a. 电影类别编号 in
(select 电影类别编号
from 电影类别表
group by 电影类别编号
having count( 电影类别编号 ) >= 5)
group by a. 电影类别名称 ;
```

查询结果如表 5.25 所示。

表 5.25　查询结果

电影类别名称	电影数
科幻	1

面试题 26：邮件发送成功概率

【题目】

某邮件收发软件有两个表："邮件表""用户表"。

"邮件表"记录了该软件的邮件收发明细数据，包括编号（主键）、寄信人编号、收信人编号、枚举类型（completed 表示邮件发送成功，no_completed 表示邮件发送失败）、日期，如表 5.26 所示。

表 5.26　邮件表

编号	寄信人编号	收信人编号	枚举类型	日期
1	2	3	completed	2020-01-11
2	1	3	completed	2020-01-11
3	1	4	no_completed	2020-01-11
4	3	1	completed	2020-01-12
5	3	4	completed	2020-01-12
6	4	1	completed	2020-01-12

"用户表"记录了该邮件收发软件的所有用户信息。其中，"用户编号"为主键，"是否为黑名单"中值为 0 表示白名单用户，值为 1 表示黑名单用户，如表 5.27 所示。

表 5.27　用户表

用户编号	是否为黑名单
1	0
2	1
3	0
4	0

当邮件发送方和接收方都为白名单时，邮件才能发送成功。

问题：邮件发送方和接收方都为白名单时，每天邮件发送失败的概率是多少？并请按照日期升序排列。

【解题思路】

（1）找到邮件发送方和接收方都为白名单的用户。

“邮件表”中包含寄信人编号和收信人编号两个用户编号，“用户表”中可以查询是否为白名单用户。

涉及多个表，所以要想到用多表连接。

因为需要判断“邮件表”中的两列（寄信人编号、收信人编号）是否为白名单用户，因此需要和“用户表”连接两次，如图 5.13 所示。

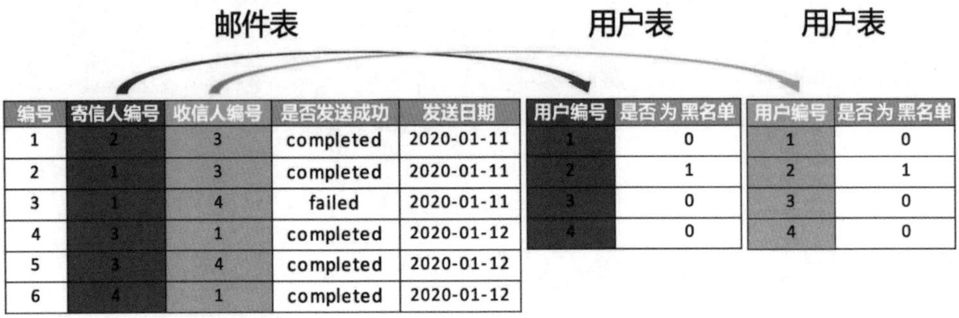

邮件表

编号	寄信人编号	收信人编号	是否发送成功	发送日期
1	2	3	completed	2020-01-11
2	1	3	completed	2020-01-11
3	1	4	failed	2020-01-11
4	3	1	completed	2020-01-12
5	3	4	completed	2020-01-12
6	4	1	completed	2020-01-12

用户表

用户编号	是否为黑名单
1	0
2	1
3	0
4	0

用户表

用户编号	是否为黑名单
1	0
2	1
3	0
4	0

图 5.13　关联关系

也就是说，为了判断寄信人是否为白名单用户，需要将“邮件表”（起别名叫 a）的“寄信人编号”和“用户表”（起别名叫 b）的“用户编号”关联（on a. 寄信人编号 = b. 用户编号）。

为了判断收信人是否为白名单用户，需要将“邮件表”（起别名叫 a）的“收信人编号”和“用户表”（起别名叫 c）的“用户编号”关联（on a. 收信人编号 = c. 用户编号）。

因为要保留“邮件表”里的全部数据，所以用邮件表作为左表进行左连接。

SQL 语句的书写方法如下：

```
select 寄信人编号，收信人编号，枚举类型，日期，
       b.是否为黑名单 as 寄信人白名单用户，
       c.是否为黑名单 as 收信人白名单用户
from 邮件表 as a
left join 用户表 as b
on a.寄信人编号 = b.用户编号
left join 用户表 as c
on a.收信人编号 = c.用户编号；
```

（2）题目需要筛选出白名单用户发送给白名单用户的邮件。

也就是在第（1）步多表连接结果中，“寄信人白名单用户”（b. 是否为黑名单）和“收信人白名单用户”（c. 是否为黑名单）这两列的值均为 0：

```
select 寄信人编号，收信人编号，枚举类型，日期，
        b.是否为黑名单 as 寄信人白名单用户，
        c.是否为黑名单 as 收信人白名单用户
from 邮件表 as a
left join 用户表 as b
on a.寄信人编号 = b.用户编号
left join 用户表 as c
on a.收信人编号 = c.用户编号；
where b.是否为黑名单 = 0 and c.是否为黑名单 = 0;
```

查询结果如表 5.28 所示。

表 5.28　查询结果

寄信人编号	收信人编号	枚举类型	日期	寄信人白名单用户	收信人白名单用户
1	3	completed	2020-01-11	0	0
1	4	no_completed	2020-01-11	0	0
3	1	completed	2020-01-12	0	0
3	4	completed	2020-01-12	0	0
4	1	completed	2020-01-12	0	0

（3）计算每天白名单用户发送给白名单用户邮件失败的概率。

看到“每天”，想到用分组汇总来实现。这里按日期（每天）分组（group by 子句）。汇总时要计算发送邮件失败的概率。

发送邮件失败的概率 = 发送邮件失败数 / 发送邮件总数。

发送邮件失败数是“枚举类型”列中值为 no_completed 的个数，相当于根据条件判断来计数，要用 case 表达式：

```
count(case 枚举类型 when 'no_completed' then 1
                            else 0
end)
```

最终 SQL 语句的书写方法如下：

```
select 日期，
count(case 枚举类型 when 'no_completed' then 1
                            else 0
end)/count(枚举类型) as "失败率"
from 邮件表 as a
left join 用户表 as b
on a.寄信人编号 = b.用户编号
```

```
left join 用户表 as c
on a.收信人编号 = c.用户编号
where b.是否为黑名单 = 0 and c.是否为黑名单 = 0
group by 日期;
```

查询结果如表 5.29 所示。

表 5.29　查询结果

日期	失败率
2020-01-01	0.5
2020-01-12	0

【本题考点】

（1）多表连接的应用。

（2）按条件分组求和的方法。

面试题 27：多表查询处理复杂业务

【题目】

某公司在两个电商平台上有店铺，图 5.14 所示为该公司的销售数据表，每个表有一行示例数据。

品牌表

品牌号	品牌名
1	abc

品类表

品类号	品类名
1	食品

月销售统计表

月份	品牌号	品类号	电商平台	销售额
2019-12-01	1	1	1	1000

电商平台有2种：1，2
主键为(月份，电商平台，品牌号，品类号)，一行数据对应一个月一个平台一个品牌号的一个品类号的销售额

图 5.14　基础数据表

现在需要解决的业务问题如下。

问题 1：根据指定品类号范围（品类号列表：12、33、45、99、1001），查询 2019 年每个电商平台上，每个品牌号对应每个品类号的累计销售额，输出格式如图 5.15 所示。

品牌号	品牌名	品类号	品类名	电商平台	销售额

图 5.15　问题 1 输出格式

问题 2：查询 2019 年有 5 个以上（含 5 个）不同品类号的单月单平台销售额大于或等于 10000 元的品牌列表，以及对应的品牌号、品类数量，输出格式如图 5.16 所示。

品牌号	品牌名	品类数量

图 5.16　问题 2 输出格式

问题 3：查询 2019 年只在电商平台 1 上有销售额的品牌中（即排除电商平台为 2 时销售额累计大于 0 的品牌），电商平台 1 的累计销售额 Top 30 品牌及对应的销售额，输出格式如图 5.17 所示。

品牌号	品牌名	平台1总销售额

图 5.17　问题 3 输出格式

问题 1

【解题思路】

将该复杂问题拆解为下面几步。

（1）查询结果中的列有品牌号、品牌名、品类号、品类名、电商平台、销售额，分别来自 3 个不同的表，需要用多表连接，如图 5.18 所示。

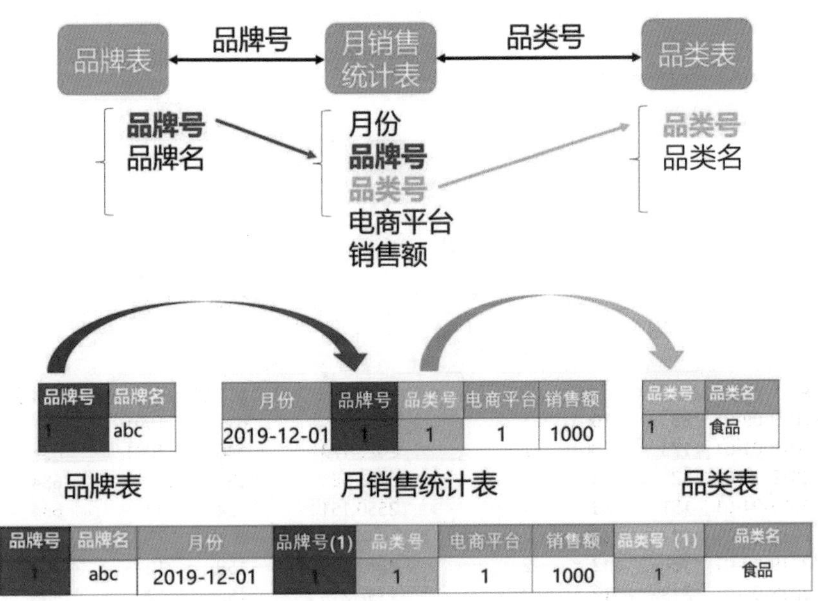

图 5.18　3 个表的连接关系

选择哪种类型的连接呢？

题目没要求选出哪个表的全部数据，所以我们用内连接，取多个表的公共部分。

SQL 语句的书写方法如下：

```
select *
from 品牌表 as a
inner join 月销售统计表 as c
on a.品牌号 = c.品牌号
inner join 品类表 as b
on b.品类号 = c.品类号;
```

3 个表的连接结果如图 5.19 所示。

品牌号	品牌名	月份	品牌号(1)	品类号	电商平台	销售额	品类号(1)	品类名
1	abc	2019-12-01	1	1	1	1000	1	食品
144	117	2019-10-01	144	1	1	2652	1	食品
90	63	2019-11-01	90	622	1	2285	622	1
200	173	2019-10-01	200	622	1	1884	622	1
38	11	2019-04-01	38	622	2	1642	622	1
200	173	2019-10-01	200	185	2	542	185	2
215	188	2019-10-01	215	185	2	1207	185	2
195	168	2019-09-01	195	1153	1	2530	1153	3

图 5.19　3 个表的连接结果

把这个连接结果当作临时表。

（2）筛选条件：品类号列表（12、33、45、99、1001）；2019 年。

使用 where 子句筛选出符合条件的数据，其中，函数 year(月份) 表示从日期中获取年份。SQL 语句的书写方法如下：

```
select *
from 临时表
where 品类号 in(12, 33, 45, 99, 1001)
and year( 月份 ) = 2019;
```

查询结果如图 5.20 所示。

月份	品牌号	品类号	电商平台	销售额	品牌号(1)	品牌名	品类号(1)	品类名
2019-09-01	88	1001	1	1934	88	61	1001	63
2019-01-01	173	1001	2	2028	173	146	1001	63
2019-12-01	52	33	2	2435	52	25	33	684
2019-04-01	151	33	1	2550	151	124	33	684
2019-11-01	23	33	2	1644	23	v	33	684
2019-10-01	186	12	2	2487	186	159	12	866
2019-03-01	213	12	2	1332	213	186	12	866
2019-06-01	233	12	2	831	233	206	12	866
2019-10-01	186	12	2	2487	186	159	12	921

图 5.20　筛选出符合条件的数据

（3）查询 2019 年每个电商平台上，每个品牌号对应每个品类号的累计销售额。

看到“每个”，要想到用分组汇总。这里按“电商平台，品牌号，品类号”分组（group by 子句），然后对销售额求和（sum() 函数）。

SQL 语句的书写方法如下：

```
select sum( 销售额 ) as 销售额
from 临时表
where 品类号 in(12，33，45，99，1001) and year( 月份 ) = 2019
group by 电商平台 , 品牌号 , 品类号 ;
```

查询结果如图 5.21 所示。

销售额
3868
4056
7305
7650
4932
7461
3996
2493
6475

图 5.21　分组求和结果

把临时表的 SQL（子查询）语句套入如上 SQL 语句，得到最终的 SQL 语句。

完整 SQL 语句的书写方法如下：

```
select a. 品牌号 ,a. 品牌名 ,b. 品类号 ,b. 品类名 ,c. 电商平台 ,
       sum(c. 销售额 ) as 销售额
from 品牌表 as a
inner join 月销售统计表 as c on a. 品牌号 = c. 品牌号
inner join 品类表 as b on b. 品类号 = c. 品类号
where c. 品类号 in(12，33，45，99，1001) and year(c. 月份 ) =  2019
group by a. 品牌号 ,a. 品牌名 ,b. 品类号 ,b. 品类名 ,c. 电商平台 ;
```

查询结果如图 5.22 所示。

品牌号	品牌名	品类号	品类名	电商平台	销售额
88	61	1001	63	1	1934
173	146	1001	63	2	2028
52	25	33	684	2	2435
151	124	33	684	1	2550
23	v	33	684	2	1644
186	159	12	866	2	2487
213	186	12	866	2	1332
233	206	12	866	2	831
186	159	12	921	2	2487

图 5.22　问题 1 查询结果

问题 2

【解题思路】

将该复杂问题拆解为下面几步。

（1）查询结果列：品牌号、品牌名、品类数量。

“品牌号”“品牌名”在“品牌表”中。“品类数量”是对“品类号”计数，而“品类号”在“月销售统计表”中。所以，涉及多个表，要想到用多表连接，如图 5.23 所示。

用哪种连接呢？

因为题目要求查询所有符合条件的品牌号，而“品牌表”中包含所有品牌号，所以需要以“品牌表”为左表进行左连接，保留左边表（“品牌表”）里的全部数据。

SQL 语句的书写方法如下：

```
select *
from 品牌表 as a
left join 月销售统计表 as c
on a.品牌号 = c.品牌号;
```

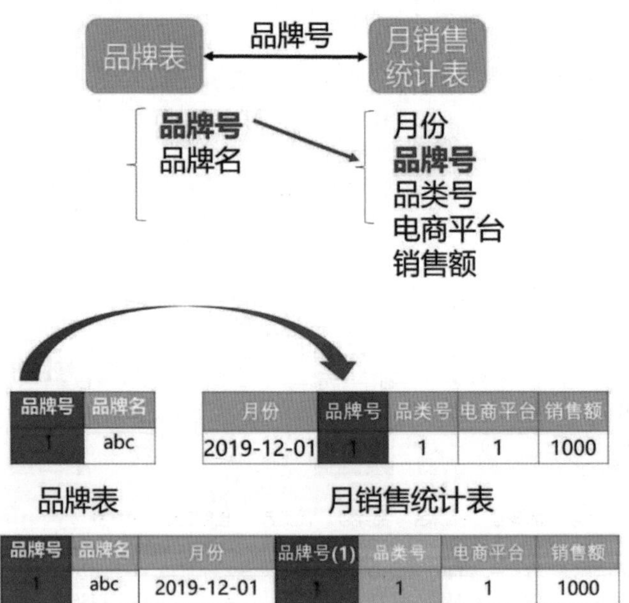

图 5.23 “品牌表”和“月销售统计表”的连接关系

查询结果如图 5.24 所示。

品牌号	品牌名	月份	品牌号(1)	品类号	电商平台	销售额
1	abc	2019-12-01	1	1	1	1000
90	63	2019-11-01	90	622	1	2285
200	173	2019-10-01	200	185	2	542
195	168	2019-09-01	195	1153	1	2530
130	103	2019-08-01	130	927	1	1182
93	66	2019-07-01	93	600	2	1689
194	167	2019-06-01	194	820	1	2132
182	155	2019-05-01	182	9	2	1477
139	112	2019-04-01	139	183	2	2508

图 5.24　“品牌表”和“月销售统计表”的连接结果

把上面连接结果当作临时表。

（2）筛选条件：2019 年。

SQL 语句的书写方法如下：

```
select *
from 临时表
where year( 月份 ) = 2019;
```

查询结果如图 5.25 所示。

品牌号	品牌名	月份	品牌号(1)	品类号	电商平台	销售额
1	abc	2019-12-01	1	1	1	1000
90	63	2019-11-01	90	622	1	2285
200	173	2019-10-01	200	185	2	542
195	168	2019-09-01	195	1153	1	2530
130	103	2019-08-01	130	927	1	1182
93	66	2019-07-01	93	600	2	1689
194	167	2019-06-01	194	820	1	2132
182	155	2019-05-01	182	9	2	1477
139	112	2019-04-01	139	183	2	2508

图 5.25　筛选出 2019 年的数据

（3）不同品类号在单月单平台的销售额。

计算不同品类号在单月单平台的销售额，也就是计算每个品类号每个月在每个平台的销售额，涉及“每个”需要用到分组汇总。按“品类号，月份，电商平台”分组，汇总销售额（求和函数 sum()）。

SQL 语句的书写方法如下：

```
select sum( 销售额 )
from 临时表
where year( 月份 ) = 2019
group by 品类号 , 月份 , 电商平台 ;
```

查询结果如图 5.26 所示。

（4）5 个以上（含 5 个）不同品类号的销售额。

因为第（3）步是分组后的结果，现在对分组结果进行筛选（count(distinct 品类号) >= 5），所以用 having 子句。

SQL 语句的书写方法如下：

```
SQL
select sum( 销售额 ) as 销售额
from 临时表
where year( 月份 ) = 2019
group by 品类号 , 月份 , 电商平台
having count(distinct 品类号 ) >= 5;
```

查询结果如图 5.27 所示。

sum(销售额)
1000
3296
1749
2530
1182
1689
4810
1477
2508

图 5.26　分组求和结果

销售额
18205
8451

图 5.27　5 个以上（含 5 个）不同品类号的销售额

（5）销售额大于或等于 10000 元。

SQL 语句的书写方法如下：

```
select sum( 销售额 ) as 销售额
from 临时表
where year( 月份 ) = 2019
group by 品类号 , 月份 , 电商平台
having count(distinct 品类号 ) >= 5 and 销售额 >= 10000;
```

查询结果如图 5.28 所示。

把临时表的 SQL（子查询）语句套入上面的 SQL 语句就得到最终的 SQL 语句。

完整 SQL 语句的书写方法如下：

```
select a.品牌号,a.品牌名,
       count(distinct c.品类号) as 品类号数量
from 品牌表 as a
left join 月销售统计表 as c
on a.品牌号 = c.品牌号
where year(c.月份) = 2019
group by a.品牌号,a.品牌名,c.月份,c.电商平台
having count(distinct c.品类号) >= 5 and c.销售额 >= 10000;
```

查询结果如图 5.29 所示。

销售额
18205

图 5.28　销售额大于或等于 10000 元的数据

品牌号	品牌名	品类号数量
138	111	5

图 5.29　问题 2 查询结果

问题 3

【解题思路】

将该复杂问题拆解为下面几步。

（1）查询结果列：品牌号、品牌名、平台 1 总销售额。

“品牌号”“品牌名”在“品牌表”中。“销售额”在“月销售统计表”中。所以，涉及多个表，要想到用多表连接，如图 5.30 所示。

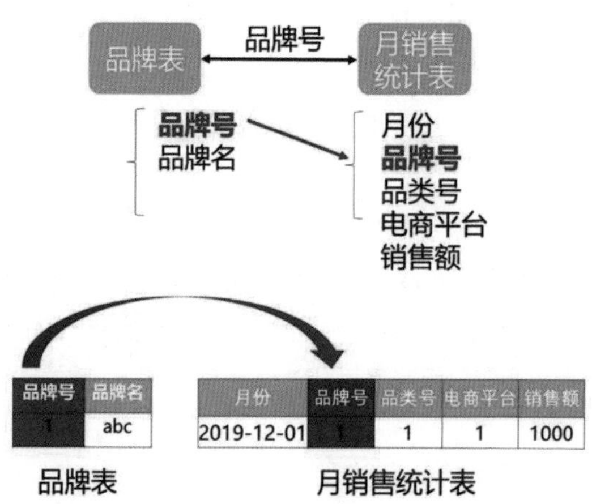

图 5.30　“品牌表”和“月销售统计表”的连接关系图

SQL 语句的书写方法如下：

```
select *
from 品牌表 as a
left join 月销售统计表 as c
on a.品牌号 = c.品牌号;
```

把连接结果当作临时表。

（2）筛选条件：2019 年。

SQL 语句的书写方法如下：

```
select *
from 临时表
where year(月份) = 2019;
```

（3）只在电商平台 1 上有销售额的品牌。

首先，得到每个品牌号。按“品牌号，电商平台”分组（group by 子句）。

然后，筛选出“只在电商平台 1 上有销售额的品牌”，也就是该品牌在电商平台 2 上的销售额为 0。

对分组后的结果筛选，用 having 子句，条件是：

```
having 电商平台 = 2 and sum(销售额) = 0
```

SQL 语句的书写方法如下：

```
select a.品牌号
from 临时表
where year(月份) = 2019
group by a.品牌号,电商平台
having 电商平台 = 2 and sum(销售额) = 0;
```

查询结果如图 5.31 所示。

品牌号
158
236
235
84

图 5.31　筛选出只在电商平台 1 上有销售额的品牌

把上面查询结果记为临时表 2，其中就是符合条件的品牌号。

（4）电商平台 1 的累计销售额 Top 30 品牌及对应的销售额。

观察问题 3 的输出格式要求（见图 5.17），可以看出需要按“品牌号，品牌名，电商平台”分组，然后汇总销售额（求和函数 sum()）。

首先用 having 子句和 in 子句筛选出电商平台为 1，且在电商平台 2 销售额为 0（临时表 2 查询结果）的品牌。

然后用 order by 子句对销售额进行排序，用 limit 子句取前 30 行数据（Top 30 品牌号）。

SQL 语句的书写方法如下：

```
select a.品牌号,sum(销售额) as '平台1总销售额'
from 临时表
where year(月份) = 2019
group by a.品牌号,a.品牌名,c.电商平台
having 电商平台 = 1 and a.品牌号 in (临时表2)
order by sum(销售额) desc
limit 30;
```

查询结果如图 5.32 所示。

品牌号	平台1总销售额
158	27305
84	11211
235	8807
236	3516

图 5.32 筛选出累计销售额 Top 30 品牌

将临时表、临时表 2 的 SQL（子查询）语句代入，代入时子查询使用 with…as 语句。

完整 SQL 语句的书写方法如下：

```
with d as
(select a.品牌号
from 品牌表 as a
left join 月销售统计表 as c on a.品牌号 = c.品牌号
where year(c.月份) = 2019
group by a.品牌号,c.电商平台
having c.电商平台 = 2 and sum(c.销售额) = 0
)
select a.品牌号,a.品牌名,
sum(c.销售额) as '平台1总销售额'
from 品牌表 as a
left join 月销售统计表 as c on a.品牌号 = c.品牌号
where year(c.月份) = 2019
group by a.品牌号,a.品牌名,c.电商平台
having c.电商平台 = 1
and a.品牌号 in (select 品牌号 from d)
order by sum(c.销售额) desc
limit 30;
```

查询结果如图 5.33 所示。

品牌号	品牌名	平台1总销售额
158	131	27305
84	57	11211
235	208	8807
236	209	3516

图 5.33　问题 3 查询结果

【本题考点】

（1）考查思维能力，即在面对多个条件和多个表时，如何用逻辑树分析方法厘清思路，解决问题。

（2）考查 with...as 语句的灵活应用。当 SQL 语句中有多个子查询时，使用 with...as 语句可以简化语句，使其更易理解。

（3）考查多表查询的使用方法。

06 第 6 章 窗口函数

本章介绍第 2 章 2.2.5 节“SQL 窗口函数”相关的知识和面试题。

考查知识点：

- 如何用窗口函数解决排名问题、Top *N* 问题、前百分之 *N* 问题、累计问题、每组内比较问题、连续问题。

6.1 什么是窗口函数

窗口函数也叫作 OLAP（Online Analytical Processing，联机分析处理）函数，可以对数据库中的数据进行复杂分析。

窗口函数的通用语法如下：

```
<窗口函数> over (partition by <用于分组的列名>
                order by <用于排序的列名>)
```

我们看一下这个语法里每部分表示什么。

（1）<窗口函数>的位置可以放两种函数：一种是专用窗口函数，比如用于排名的函数，比如 rank()、dense_rank()、row_number()；另一种是汇总函数，比如 sum()、avg()、count()、max()、min()。

（2）<窗口函数>后面的 over 关键字括号里的内容有两部分：一个是 partition by，表示按某列分组；另一个是 order by，表示对分组后的结果按某列排序。

（3）因为窗口函数通常是对 where 或者 group by 子句处理后的结果进行操作的，所以窗口函数原则上只能写在 select 子句中。

窗口函数可以解决这几类经典问题：排名问题、Top *N* 问题、前百分之 *N* 问题、累计问题、每组内比较问题、连续问题。

这些问题在工作中你会经常遇到，比如，排名问题，对用户搜索关键字按搜索次数排名、对商品按销售量排名。

再如，领导想让你找出每个部门业绩排名前 10 的员工进行奖励，这其实就是 Top *N* 问题。

再如，要分析复购用户有多少，这类问题属于前百分之 *N* 的问题。

再如，公司对各月发放的工资累计求和，医院要经常统计累计患者数，这类问题就是累计问题。

下面我们通过面试题来介绍如何使用窗口函数解决实际问题。

6.2 排名问题

面试题 28：学生成绩排名

【题目】

现有“成绩表”，需要我们取得每名学生不同课程的成绩排名，如图 6.1 所示。

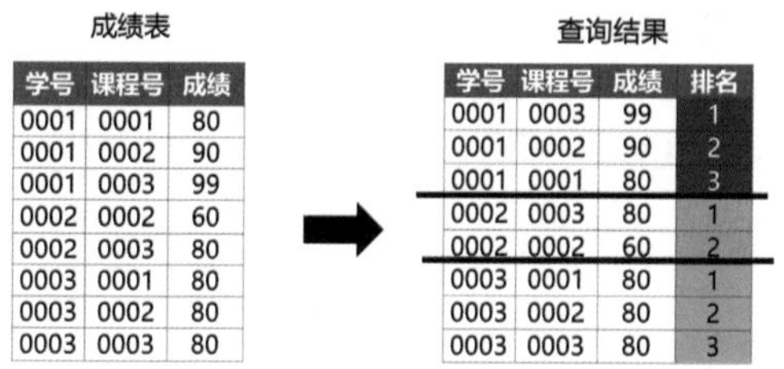

成绩表

学号	课程号	成绩
0001	0001	80
0001	0002	90
0001	0003	99
0002	0002	60
0002	0003	80
0003	0001	80
0003	0002	80
0003	0003	80

查询结果

学号	课程号	成绩	排名
0001	0003	99	1
0001	0002	90	2
0001	0001	80	3
0002	0003	80	1
0002	0002	60	2
0003	0001	80	1
0003	0002	80	2
0003	0003	80	3

图 6.1　“成绩表”及查询结果要求

【解题思路】

这里先直接给出最终的 SQL 语句，然后通过本面试题总结出排名问题的万能模板，这样后面再遇到排名问题，就直接可以套用万能模板解决了。

本面试题的 SQL 语句的书写方法如下：

```
select *,
       row_number() over (partition by 学号
                          order by 成绩 desc) as 排名
from 成绩表 ;
```

我们来解释一下这个 SQL 语句。

（1）按学号分组。

partition by 子句表示按某列分组。题目要求按每名学生不同课程的成绩排名，所以我们需要指定按“学号”分组（partition by 学号）。

（2）按成绩排序。

order by 子句的功能是对分组后的结果进行排序，默认按照升序（asc）排列。

这里（order by 成绩 desc）是按“成绩”列排序，增加了 desc 关键字表示按降序排列。

通过上述两个步骤，我们就把每组里的数据进行了排序。

（3）得到排名。

接着，使用排名函数 row_number() 对第（2）步的结果排名。

如表 6.1 所示，我们能很容易地理解 partition by（分组）、order by（在组内排序）和 rank() 函数的作用。

常用的排名函数包括 rank()、dense_rank()、row_number()，那么这 3 个排名函数有什么区别呢？

- rank()：排名结果考虑并列排名，排名序号不连续。例如，在表 6.1 中，成绩 100、100、100 是一样的，所以这三行的排名结果都是 1。然后成绩 98 顺着序号排在第 4 名（在“成绩”列中，98 是第 4 个数据），也就是在最终排名结果中排名序号是不连续的。

- dense_rank()：排名结果考虑并列排名，排名序号连续。例如，在表 6.1 中，成绩 100、100、100 是一样的，所以这三行的排名结果都是 1。和 rank() 函数不同的是，dense_rank() 函数的排名序号要保持连续，所以成绩 98 顺着前面的序号排在第 2 名。
- row_number()：排名结果不考虑并列排名。例如，在表 6.1 中，成绩排名结果是 1、2、3、4。

表 6.1　3 个排名函数的区别

成绩	rank()	dense_rank()	row_number()
100	1	1	1
100	1	1	2
100	1	1	3
98	4	2	4

万能模板　排名问题

理解了面试题 28，就理解了排名问题的 SQL 语句，我们可以总结出排名问题的万能模板，SQL 语句的书写方法如下。

```
select *, row_number()  over(partition by <要分组的列名>
                             order by <要排序的列名>
                             ) as 排名
 from <表名>;
```

在上述语句中，尖括号部分表示要根据具体问题来修改的地方。

其中，row_number() 处，根据排名是否要考虑并列排名情况来选择使用排名函数 row_number()、rank()、dense_rank() 中的某一个。

需要注意的是，如果不分组，只是对整个表的某一列排名，那么可以省略不写 partition by 子句这部分。

例如，对“成绩表”按“成绩”列排名，结果如图 6.2 所示。

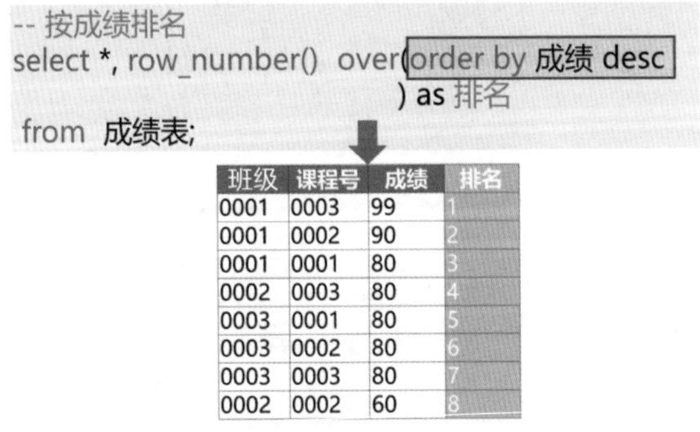

图 6.2　查询结果

面试题 29：雇员排名

【题目】

“雇员表”中是雇员的基本信息，如表 6.2 所示。

表 6.2　雇员表

雇员编号	出生日期	名字	姓	性别	雇用日期
10001	1953/9/2	Georgi	Facello	M	1986/6/26
10002	1964/6/2	Bezalel	Simmel	F	1985/11/21
10003	1955/1/21	Kyoichi	Maliniak	M	1989/9/12
10004	1953/4/20	Anneke	Preusig	F	1989/6/2

查找按名字的首字母升序排列后所在的行数为奇数行的雇员的名字。

如表 6.2 所示，这 4 位雇员名字的首字母分别为 G、B、K、A。按升序排列后为 A、B、G、K，奇数行 1、3 行对应的雇员名字是以 A 和 G 开头的。

输出结果如表 6.3 所示。

表 6.3　输出结果

名字
Anneke
Georgi

【解题思路】

可以把题目简化为表 6.4 所示的“字母表”，升序排列后，找出所在行数为奇数的行。

表 6.4　字母表

字母
G
B
K
A

可以拆解为下面几步来实现。

（1）按名字的首字母升序排列。

表 6.4 所示“字母表”按照字母升序排列后为 A、B、G、K。

（2）得到排序后字母对应行的序号。

如何得出排序后字母对应行的序号?

通过观察序号，我们发现这其实是排名问题。使用窗口函数得到每行的排名，这个排名就是序号。

专用排名的窗口函数有 rank()、dense_rank()、row_number(), 我们使用哪一个呢?

在这道题里序号不能相同，所以使用 row_number() 函数。

SQL 语句的书写方法如下:

```
select row_number() over(order by 字母 ) as 序号 , 字母
from 字母表 ;
```

查询结果如表 6.5 所示。

表 6.5　字母升序结果

序号	字母
1	A
2	B
3	G
4	K

（3）从序号中找出奇数。

知道排序后的序号后，判断奇偶数就变得容易了。

小学数学里，一个数除以2，如果余数是1，表示原数为奇数；如果余数是0，表示原数为偶数。

在 SQL 中，可以用下面两种方法来找到奇数行。

- 序号 % 2 = 1，这里 % 表示求余数。
- 用求余数的函数 mod()，mod(序号 ,2) = 1。

如果要找到偶数行，则将上面的余数 1 改为 0 即可。

在第（2）步的 SQL 语句中加上 where 子句来筛选出奇数序号就可以了:

```
select row_number() over (order by 字母 ) as 序号 , 字母
from 字母表
where mod( 序号 ,2) = 1;
```

这样写，你能发现什么问题吗?

按照 SQL 的运行顺序，会先运行 where 子句，再运行 select 子句。所以，当运行到 where 子句时，没有“序号”列会报错。

因此无法直接在 where 子句后面加上 where mod(序号 ,2) = 1。怎么办呢?

我们可以把找到奇数行的查询作为子查询，也就是把第（2）步的 SQL 语句作为子查询，修改后的 SQL 语句的书写方法如下：

```
select 字母
from
(select row_number() over(order by 字母 ) as 序号 , 字母
from 字母表
) as a
where mod( 序号 ,2) = 1;
```

查询结果如表 6.6 所示。

现在来回答题目要求。

题目中的“雇员表”（见表 6.2）实际也只是比较“名字”列的首字母，简化后就是上述的问题。

要求查找按名字的首字母升序排列后所在的行数为奇数行的雇员的名字。

SQL 语句的书写方法如下：

```
select 名字
from
(select row_number() over(order by 名字 ) as 序号 , 名字
from 雇员表
) as a
where mod( 序号 ,2) = 1;
```

查询结果如表 6.7 所示。

表 6.6　排序后奇数行的首字母

字母
A
G

表 6.7　排序后位于奇数行的雇员名字

名字
Anneke
Georgi

【本题考点】

（1）能将复杂的问题简化为简单的问题，如本题将问题简化后其实就是排名问题。

（2）遇到排名问题，要想到使用窗口函数实现。

（3）考查如何用 mod() 函数或者 % 判断奇数、偶数。

面试题 30：去除最大值、最小值后求平均值

【题目】

“薪水表”中记录了雇员编号、部门编号和薪水，如表 6.8 所示。要求查询出每个部门去

除最高、最低薪水后的平均薪水。

表 6.8　薪水表

雇员编号	部门编号	薪水
10001	1	60117
10002	2	92102
10003	2	86074
10004	1	66596
10005	1	66961
10006	2	81046
10007	2	94333
10008	1	75286
10009	2	85994
10010	1	76884

【解题思路】

（1）如何找出最高、最低薪水?

要求找出每个部门去除最高、最低薪水后的平均薪水，所以应该查询出每个部门的最高、最低薪水。

首先，按“部门编号”分组（partition by 部门编号），然后对“薪水”列排序（order by 薪水 desc），之后排名。通过排名找到每组里的最大值、最小值，所以这是一个排名问题，可以用窗口函数来解决。

在本面试题中，我们需要对部门进行分组，并对薪水进行排序。

SQL 语句的书写方法如下:

```
select *,
       row_number() over(partition by 部门编号
                         order by 薪水 desc) as ranking
from 薪水表；
```

查询结果如图 6.3 所示。

上述薪水为降序排列（desc），所以，排名为 1 的是每个部门的最高薪水。

我们还需要用一次窗口函数求出每个部门的最低薪水，也就是升序排列（asc），排名为 1 的是每个部门的最低薪水。

	雇员编号	部门编号	薪水	ranking
部门 1	10010	1	76884	1
	10008	1	75286	2
	10005	1	66961	3
	10004	1	66596	4
	10001	1	60117	5
部门 2	10007	2	94333	1
	10002	2	92102	2
	10003	2	86074	3
	10009	2	85994	4
	10006	2	81046	5

图 6.3　每个部门的雇员薪水排名

SQL 语句的书写方法如下：

```
select *,
       rank() over(partition by 部门编号 order by 薪水 desc) as rank_1,
       rank() over(partition by 部门编号 order by 薪水 asc) as rank_2
from 薪水表；
```

查询结果如图 6.4 所示。

在图 6.4 所示的“rank_1”列中，数值为 1 的是每个部门的最高薪水。在“rank_2”列中，数值为 1 的是每个部门的最低薪水。

（2）如何去除最高和最低薪水？

雇员编号	部门编号	薪水	rank_1	rank_2
10001	1	60117	5	1
10004	1	66596	4	2
10005	1	66961	3	3
10008	1	75286	2	4
10010	1	76884	1	5
10006	2	81046	5	1
10009	2	85994	4	2
10003	2	86074	3	3
10002	2	92102	2	4
10007	2	94333	1	5

图 6.4　每个部门的雇员薪水降序、升序排名

用 where 子句来筛选数据就可以了。

去除最高薪水，用 where rank_1 > 1 。

去除最低薪水，用 where rank_2 > 1。图 6.5 中方框里选出的数据，就是去除最高和最低薪水的数据。

where rank_1 > 1 and rank_2 > 1

雇员编号	部门编号	薪水	rank_1	rank_2
10010	1	76884	1	5
10008	1	75286	2	4
10005	1	66961	3	3
10004	1	66596	4	2
10001	1	60117	5	1
10007	2	94333	1	5
10002	2	92102	2	4
10003	2	86074	3	3
10009	2	85994	4	2
10006	2	81046	5	1

图 6.5　去除最高和最低薪水

所以，我们在第（1）步的 SQL 语句中加入 where 子句：

```
select *,
       rank() over(partition by 部门编号 order by 薪水 desc) as rank_1,
       rank() over(partition by 部门编号 order by 薪水 ) as rank_2
from 薪水表
where rank_1 >1 and rank_2 >1;
```

这样写，你能发现什么问题吗？

按照 SQL 的运行顺序，会先运行 from 子句和 where 子句，最后才运行 select 子句。

而 rank_1 和 rank_2 在 select 子句中是最后运行的。所以在运行时，会因为 where 子句中的 rank_1 和 rank_2 不存在而报错。

所以，正确的做法是，把第（1）步的 SQL 语句作为子查询后，再用 where 子句。

正确的 SQL 语句的书写方法如下：

```
select *
from
(select *,
        rank() over(partition by 部门编号 order by 薪水 desc) as rank_1,
        rank() over(partition by 部门编号 order by 薪水 ) as rank_2
from 薪水表
) as a
where a.rank_1 >1 and a.rank_2 >1;
```

查询结果如表 6.9 所示。

表 6.9　每个部门去除最高和最低薪水后的雇员薪水信息

雇员编号	部门编号	薪水	rank_1	rank_2
10004	1	66596	4	2
10005	1	66961	3	3
10008	1	75286	2	4
10009	2	85994	4	2
10003	2	86074	3	3
10002	2	92102	2	4

此时已经是每个部门去除最高和最低薪水后的结果了。

（3）查询每个部门去除最高、最低薪水后的平均薪水。

看到“每个”这样的问题，要想到用分组（group by 子句），求平均薪水使用汇总函数（求平均值 avg()）。

把第（2）步的查询结果记为临时表 b，SQL 语句的书写方法如下：

```
select 部门编号 ,avg( 薪水 ) as 平均薪水
from  b
group by 部门编号 ;
```

到这里，题目问题已解决，我们把上述代码中的 b 替换成第（2）步的 SQL 语句，就是最终答案。注意，在用到子查询 a 的地方，需要在列名前面加上 a.，表示来自子查询 a 的查询结果列名，如下：

```
select a. 部门编号 ,avg(a. 薪水 ) as 平均薪水
from
(select *,
        rank() over(partition by 部门编号 order by 薪水 desc) as rank_1,
        rank() over(partition by 部门编号 order by 薪水 ) as rank_2
from 薪水表
) as a
where a.rank_1 >1 and a.rank_2 >1
group by a. 部门编号 ;
```

查询结果如表 6.10 所示。

表 6.10　每个部门去除最高、最低薪水后的平均薪水

部门编号	平均薪水
1	69614
2	88057

【本题考点】

（1）考查解决复杂问题的能力，可以使用逻辑树分析方法将复杂问题拆解为简单的子问题。

（2）考查 SQL 语句的运行顺序和子查询。

（3）遇到既要分组，又要排名的问题，要想到使用窗口函数。

面试题 31：去除最大值、最小值后求平均值【举一反三】

表 6.11 所示为“成绩表”，计算该 6 名同学的成绩中去除最高分、最低分后的平均分数。

表 6.11　成绩表

学号	成绩
1	80
2	75
3	88
4	76
5	91
6	99

SQL 语句的书写方法如下：

```
select avg(a. 成绩 ) as 平均成绩
from
(select *,
        rank() over(order by 成绩 desc) as rank_1,
        rank() over(order by 成绩 ) as rank_2
from 成绩表
) as a
where a.rank_1 >1 and a.rank_2 >1;
```

查询结果如表 6.12 所示。

表 6.12　去除最高分、最低分后的平均分数

平均成绩
83.75

6.3　Top *N* 问题

工作中会经常遇到这样的业务问题：

- 如何找到每个类别下用户最喜欢的商品？
- 如何找到每个类别下用户点击最多的 5 个商品？

这类问题其实就是非常经典的 Top *N* 问题，也就是在对数据分组后，取每组里的最大值、最小值，或者每组里最大的 *N* 行（Top *N*）数据。

下面以面试题为例，我们来看如何解决 Top *N* 问题，并总结出这类问题的万能模板。

面试题 32：查询前三名的成绩

【题目】

“成绩表”中记录了学生选修的课程号、学生的学号，以及对应课程的成绩，如表 6.13 所示。为了对学生成绩进行考核，现需要查询每门课程前三名学生的成绩。

注意：如果出现同样的成绩，则视为同一个名次。

表 6.13　成绩表

课程号	学号	成绩
0001	0001	80
0001	0003	80
0002	0001	90
0002	0003	80
0002	0002	60
0002	0004	55
0003	0001	99
0003	0002	80
0003	0003	80

【解题思路】

查找每门课程前三名的学生成绩，意味着先要对每门课程的学生成绩进行排名，然后取排名前三的成绩，因此解答此题分为以下两步。

（1）对每门课程的学生成绩进行排名。

排名问题可以用窗口函数。这时可以拿出排名问题的万能模板（见 6.2 节）。

本面试题需要先按课程号分组（partition by 课程号），然后对每组学生按成绩排名（order by 成绩 desc）。

那么，使用哪个排名函数呢？

因为题目中表明若出现同样的成绩，则视为同一个名次（考虑并列排名），所以此处使用

dense_rank() 函数。

SQL 语句的书写方法如下：

```
select *,
       dense_rank() over(partition by 课程号
                              order by 成绩 desc) as 排名
from 成绩表;
```

查询结果如表 6.14 所示。

表 6.14　成绩排名结果表

课程号	学号	成绩	排名
0001	0001	80	1
0001	0003	80	1
0002	0001	90	1
0002	0003	80	2
0002	0002	60	3
0002	0004	55	4
0003	0001	99	1
0003	0002	80	2
0003	0003	80	2

（2）筛选排名前三的成绩。

得到成绩排名结果表后，就可以直接使用 where 子句筛选排名前三的数据，即 where 排名 <=3。

注意：要在成绩排名结果表的基础上再用 where 子句进行筛选，也就是第（1）步的 SQL 语句必须作为子查询。

SQL 语句的书写方法如下：

```
select *
from
(select *,
        dense_rank() over(partition by 课程号 order by 成绩 desc) as 排名
from 成绩表
) as a
where 排名 <=3;
```

查询结果如表 6.15 所示。

表 6.15　每门课程成绩排名前三的学生

课程号	学号	成绩	排名
0001	0001	80	1
0001	0003	80	1
0002	0001	90	1
0002	0003	80	2
0002	0002	60	3
0003	0001	99	1
0003	0002	80	2
0003	0003	80	2

万能模板　Top *N* 问题

我们把面试题 32 的 SQL 语句修改成图 6.6 所示的模板，就是 Top *N* 问题的万能模板，这个模板里的子查询就是排名问题的万能模板。

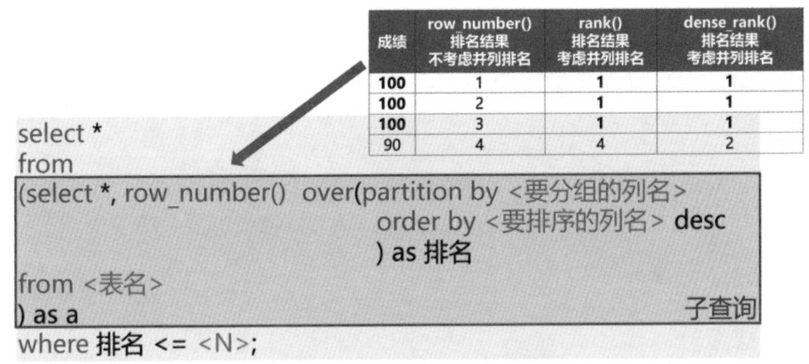

图 6.6　Top *N* 问题的万能模板

模板中的尖括号 <> 部分表示要根据具体问题来修改的地方。其中，where 子句中的排名 <= <N>，就是找出每组最大的 *N* 行数据，根据具体问题来修改 *N* 为具体的值。

比如，面试题 32 是查找每门课程成绩排名前三的学生，那 *N* 就等于 3。

后面再遇到 Top *N* 问题时，只要把这个模板拿出来，修改对应的地方就可以了。

面试题 33：查询排在前两名的工资【举一反三】

“雇员表”中是公司雇员的信息，每个雇员有其对应的工号、姓名、工资和部门编号，如表 6.16 所示。

现在要查找每个部门工资排在前两名的雇员信息，若雇员工资一样，则并列获取。

表 6.16　雇员表

工号	姓名	工资	部门编号
1	张三	85000	1
2	李四	80000	2
3	王朝	60000	2
4	马汉	90000	1
5	猴子	69000	2
6	扎扎	85000	1
7	赵五	70000	1

【解题思路】

查找每个部门工资排在前两名的雇员信息，这显然是个 Top *N* 问题，套用万能模板就可以解决。

其中，需要按部门编号分组（partition by 部门编号），按工资降序排列（order by 工资 desc），考虑并列排名（用排名函数 dense_rank()）。

SQL 语句的书写方法如下:

```
select 工号,姓名,工资,部门编号
from
(select *,
       dense_rank() over (partition by 部门编号
                          order by 工资 desc) as 排名
from 雇员表
) as a
where 排名 <= 2;
```

查询结果如表 6.17 所示。

表 6.17　每个部门工资前两名的雇员信息

工号	姓名	工资	部门编号
4	马汉	90000	1
1	张三	85000	1
6	扎扎	85000	1
2	李四	80000	2
5	猴子	69000	2

6.4　前百分之 *N* 问题

面试题 34：成绩排在前 40% 的学生信息

【题目】

表 6.18 所示为“成绩表”，现在查询每个班级成绩排在前 40% 的学生信息。

表 6.18　成绩表

学号	班级	成绩
0001	1	86
0002	1	95
0003	2	89
0004	1	83
0005	2	86
0006	3	92
0007	3	86
0008	1	88

【解题思路】

遇到前百分之 *N* 问题，可以使用窗口函数 percent_rank()。

- percent_rank() 是专门用于计算百分位数的窗口函数。该函数内部使用的计算公式为：(rank − 1) / (total_rows − 1)，在此公式中，rank 是排名，total_rows 是行数，这样就可以得到百分位数。
- percent_rank() 函数返回一个 0 到 1 之间的数字，即百分位数。

本面试题按班级分组（partition by 班级），对成绩降序排列（order by 成绩 desc），然后使用 percent_rank() 函数计算百分位数，SQL 语句的书写方法如下：

```
select 学号,班级,成绩
from
(select *,
        percent_rank() over(partition by 班级
                                  order by 成绩 desc) as 百分位排名
from 成绩表
) as a
where 百分位排名 <= 0.4;
```

查询结果如表 6.19 所示。

表 6.19　每个班级成绩前 40% 的学生信息

学号	班级	成绩
0002	1	95
0008	1	88
0003	2	89
0006	3	92

面试题 35：用户访问次数

【题目】

表 6.20 所示为“用户访问次数表”，列名包括用户编号、用户类型、访问次数。

要求在剔除访问次数前 20% 的用户后得到每类用户的平均访问次数。

表 6.20　用户访问次数表

用户编号	用户类型	访问次数
10	A	352
6	C	209
7	C	110
4	E	101
2	B	53
20	A	53
11	C	33
1	A	30
9	E	29
8	B	6

【解题思路】

方法一

可以把这个复杂的问题拆解为 3 步。

（1）找出访问次数前 20% 的用户。

这其实是个 Top *N* 问题，也就是找出前 20% 的数据（*N*=20%）。

按访问次数排名，就可以找到“前 20%”的数据。因此，我们首先对所有用户的访问次数按从高到低的顺序用窗口函数排名。

SQL 语句的书写方法如下：

```
select *,
       row_number() over(order by 访问次数 desc) as 排名
from 用户访问次数表 ;
```

查询结果如表 6.21 所示。

表 6.21　用户访问次数排名

用户编号	用户类型	访问次数	排名
10	A	352	1
6	C	209	2
7	C	110	3
4	E	101	4
2	B	53	5
20	A	53	6
11	C	33	7
1	A	30	8
9	E	29	9
8	B	6	10

排名后，如何找出前 20% 的数据呢?

排名≤行数 ×20%, 就是前 20% 的数据，如图 6.7 所示。

用户编号	用户类型	访问次数	排名
10	A	352	1
6	C	209	2
7	C	110	3
4	E	101	4
2	B	53	5
20	A	53	6
11	C	33	7
1	A	30	8
9	E	29	9
8	B	6	10

行数 × 20%

行数:10

图 6.7　如何筛选前 20% 数据

把前面的排名结果记为临时表 a，加上筛选条件 (where 子句)，对应的 SQL 语句的书写方法如下:

```
select *
from a
where 排名 <= 行数 * 0.2;
```

那么，上述 SQL 语句里的行数如何得到呢? 可以用下面的 SQL 语句:

```
select count(*)
from 用户访问次数表 ;
```

把前面的 SQL 语句组合到一起就可以筛选出排名前 20% 的数据了：

```
select *
from a
where 排名 <= (select count(*) from 用户访问次数表 ) * 0.2;
```

（2）剔除访问次数前 20% 的用户。

题目要求是“剔除访问次数前 20% 的用户”，因此我们需要把上面 SQL 语句里 where 条件中的“ <=” 变成“ >”，以获取到相反的用户，如图 6.8 所示。

用户编号	用户类型	访问次数	排名
10	A	352	1
6	C	209	2
7	C	110	3
4	E	101	4
2	B	53	5
20	A	53	6
11	C	33	7
1	A	30	8
9	E	29	9
8	B	6	10

剔除前20%的用户
排名>行数×20%

图 6.8 剔除访问次数前 20% 的用户

SQL 语句的书写方法如下：

```
select *
from a
where 排名 > (select count(*) from 用户访问次数表 ) * 0.2;
```

把前面的临时表 a 作为子查询代入后，SQL 语句的书写方法如下：

```
select *
from
(select *,
        row_number() over(order by 访问次数 desc) as 排名
from 用户访问次数表
) as a
where 排名 > (select count(*) from 用户访问次数表 ) * 0.2;
```

查询结果如表 6.22 所示。

表 6.22 剔除访问次数前 20% 用户后的数据

用户编号	用户类型	访问次数	排名
7	C	110	3

续表

用户编号	用户类型	访问次数	排名
4	E	101	4
2	B	53	5
20	A	53	6
11	C	33	7
1	A	30	8
9	E	29	9
8	B	6	10

（3）每类用户的平均访问次数。

把第（2）步的查询结果记为临时表 b，然后按用户类型分组（group by 子句），使用汇总函数（平均值函数 avg()）得到平均访问次数。

SQL 语句的书写方法如下：

```
select 用户类型 ,avg( 访问次数 ) as 平均访问次数
from b
group by 用户类型 ;
```

把临时表 b 作为子查询替换成对应的 SQL 语句（见第（2）步），最终的 SQL 语句如下：

```
select 用户类型 ,avg( 访问次数 ) as 平均访问次数
from
(select *
from
(select *,
        row_number() over(order by 访问次数 desc) as 排名
from 用户访问次数表
) as a
where 排名 > (select count(*) from 用户访问次数表 ) * 0.2
) as b
group by 用户类型 ;
```

查询结果如表 6.23 所示。

表 6.23　每类用户的平均访问次数

用户类型	平均访问次数
A	41.5
B	29.5

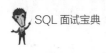

续表

用户类型	平均访问次数
C	71.5
E	65.0

方法二

使用 percent_rank() 函数依据从高到低的访问次数计算百分位数，SQL 语句的书写方法如下：

```
select *,
       percent_rank() over(order by 访问次数 desc) as 百分位排名
from 用户访问次数表；
```

查询结果如表 6.24 所示。

表 6.24　用户访问次数百分位排名

用户编号	用户类型	访问次数	百分位排名
10	A	352	0.00
6	C	209	0.11
7	C	110	0.22
4	E	101	0.33
2	B	53	0.44
20	A	53	0.44
11	C	33	0.67
1	A	30	0.78
9	E	29	0.89
8	B	6	1.00

访问次数前 20% 即为“百分位排名≤0.2”，剔除访问次数前 20% 则为“百分位排名 > 0.2”，如图 6.9 所示。

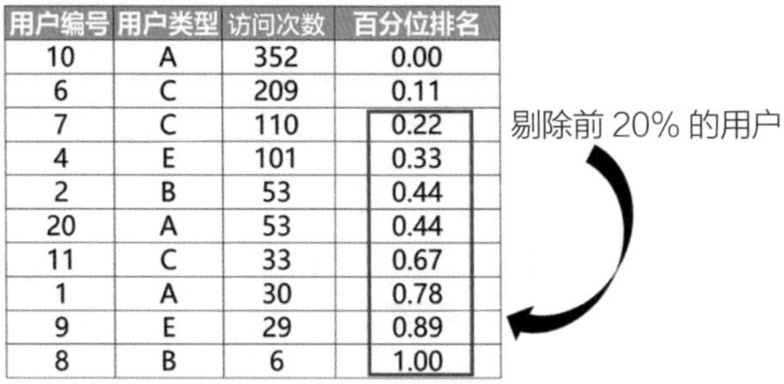

用户编号	用户类型	访问次数	百分位排名
10	A	352	0.00
6	C	209	0.11
7	C	110	0.22
4	E	101	0.33
2	B	53	0.44
20	A	53	0.44
11	C	33	0.67
1	A	30	0.78
9	E	29	0.89
8	B	6	1.00

图 6.9　利用百分位排名剔除前 20% 的用户

SQL 语句的书写方法如下：

```
select *
from
(select *,
        percent_rank() over(order by 访问次数 desc) as 百分位排名
from 用户访问次数表 ) as a
where 百分位排名 > 0.2;
```

查询结果如表 6.25 所示。

表 6.25 利用百分位排名剔除访问次数前 20% 用户后的数据

用户编号	用户类型	访问次数	百分位排名
7	C	110	0.22
4	E	101	0.33
2	B	53	0.44
20	A	53	0.44
11	C	33	0.67
1	A	30	0.78
9	E	29	0.89
8	B	6	1.00

剔除访问次数前 20% 的用户后，计算每类用户平均访问次数的方法与方法一相同。

完整的 SQL 语句的书写方法如下：

```
select 用户类型 ,avg( 访问次数 ) as 平均访问次数
from
(select *
from
(select *,
        round(percent_rank() over(order by 访问次数 desc),2) as 百分位排名
from 用户访问次数表
) as a
where 百分位排名 > 0.2
) as b
group by 用户类型 ;
```

查询结果如表 6.26 所示。

表 6.26　每类用户的平均访问次数

用户类型	平均访问次数
A	41.5
B	29.5
C	71.5
E	65.0

【本题考点】

（1）考查面对复杂问题的拆解分析能力，要学会将复杂问题拆解成多个简单问题。

（2）考查窗口函数的使用。在遇到排名问题时，首先应想到是否能使用窗口函数来解决。

（3）考查分类汇总问题。在遇到分类求和、求平均值等分组汇总问题时，可以将 group by 子句和汇总函数组合使用。

（4）如何解决选出前百分之 *N* 数据的问题。

解决此类问题有两种方法：第一种是先使用排序函数计算出排名，然后将“窗口”内的行数与百分数相乘，并与排名进行比较；第二种是直接使用窗口函数 percent_rank()。

6.5　累计问题

累计问题在日常工作里经常会遇到，图 6.10 所示的新冠疫情实时大数据报告，包括累计确诊、累计治愈等的人数信息，这些累计数据是怎么分析出来的呢？

全国(含港澳台) 截至1月22日19时00分数据统计 数据说明

新增本土确诊 待公布
新增确诊 待公布
新增境外 待公布
现存本土确诊 36636
现存确诊 8985486
现存重症 329
累计确诊 9482570 较昨日 待公布
累计境外输入 28760 较昨日 待公布
累计治愈 465652 较昨日 待公布
累计死亡 31432 较昨日 待公布

图 6.10　疫情实时大数据报告

其实，使用汇总函数作为窗口函数就可以实现累计分析。比如，汇总函数 sum() 用在窗口函数中，表示对数据进行累计求和。下面通过面试题来介绍。

面试题 36：学生成绩累计求和

表 6.27 所示为“学生成绩表”，需要在按“成绩”列从大到小排列之后，进行累计求和计算。

表 6.27　学生成绩表

学号	课程号	成绩
0001	0003	99
0001	0002	90
0001	0001	80
0002	0003	80
0003	0001	80
0003	0002	80
0003	0003	80
0002	0002	60

“累计”的计算逻辑如图 6.11 所示。

学号	课程号	成绩	累计		累计
0001	0003	99	99	=	99
0001	0002	90	189	=	99+90
0001	0001	80	269	=	99+90+80
0002	0003	80	349		99+90+80+80
0003	0001	80	429		99+90+80+80+80
0003	0002	80	509		99+90+80+80+80+80
0003	0003	80	589		99+90+80+80+80+80+80
0002	0002	60	649		99+90+80+80+80+80+80+60

图 6.11　成绩累计计算的逻辑示意图

【解题思路】

运行结果“累计”列中:

- 第 1 行是“成绩”列中对应这一行的数据 99。
- 第 2 行是成绩前 2 行数据“99+90”的和。
- 第 3 行是成绩前 3 行数据“99+90+80”的和，以此类推。

每一行中计算出的数据是当前数据行前面数据的累计，即第 1 行至当前行数据的累计。此处涉及“移动窗口”的知识点。

【移动窗口】

移动窗口，顾名思义，“窗口”（也就是操作数据的范围）不是固定的，而是随着设定条件逐行移动的。

在 over 后面的子句中，使用 rows 加“范围关键字”可以设置移动窗口，语法如下:

```
窗口函数 over(partition by <要分组的列名>
                       order by <要排序的列名>
                       rows between <范围起始行> and <范围终止行>)
```

“rows between <范围起始行> and <范围终止行>”用于指定移动窗口的范围，范围包含起始行和终止行。

其中，“范围起始行”和“范围终止行”使用特定关键字表示，常用的特定关键字如下。

- n preceding：当前行的前 *n* 行。
- n following：当前行的后 *n* 行。
- current row：当前行。
- unbounded preceding：第 1 行。
- unbounded following：最后 1 行。

例如：

现有 2022 年 11 月前 7 天的某地区新冠病毒感染患者确诊数据，共 7 行数据，如表 6.28 所示。

在按“日期”列正向排序的前提下，在以“日期”为“2022-11-03”的这行数据为“当前行”时：

- “日期”为“2022-11-01”的这行数据是“当前行的前 2 行”，同时它一直是该数据集中的“第 1 行”。
- “日期”为“2022-11-02”的这行数据是“当前行的前 1 行”。
- “日期”为“2022-11-04”的这行数据是“当前行的后 1 行”。
- “日期”为“2022-11-07”的这行数据是“当前行的后 4 行”，同时它一直是该数据集中的“最后 1 行”。

表 6.28　关键字

日期	确诊人数	业务含义	关键字
2022-11-01	2	第 1 行	unbounded preceding
2022-11-02	3	当前行的前 1 行	1 preceding
2022-11-03	1	当前行	current row
2022-11-04	2	当前行的后 1 行	1 following
2022-11-05	5	当前行的后 2 行	2 following
2022-11-06	1	当前行的后 3 行	3 following
2022-11-07	3	最后 1 行	unbounded following

当范围设定为“unbounded preceding”至“current row”时，统计的就是“2022-11-01”至“2022-11-03”的累计确诊情况。

回到本面试题，这是计算从第 1 行起截至当前行的累计求和问题。

同时，是对成绩累计求和，所以，语法中的 <窗口函数> 写成 sum(成绩)，因为不涉及“分组”，所以，去掉 partition by 子句，order by 子句是按成绩排序的。

SQL 语句的书写方式如下：

```
select *,
       sum( 成绩 ) over(order by 成绩 desc
                        rows between unbounded preceding and current
row) as 累计
from 学生成绩表 ;
```

查询结果如表 6.29 所示。

同样地，如果把汇总求和函数 sum() 换成求平均值函数 avg()，那么每一行计算出的是累计平均值；如果换成最大值函数 max()，那么每一行计算出的是前面数据中的最大值。

表 6.29　学生成绩累计求和结果表

学号	课程号	成绩	累计
0001	0003	99	99
0001	0002	90	189
0001	0001	80	269
0002	0003	80	349
0003	0001	80	429
0003	0002	80	509
0003	0003	80	589
0002	0002	60	649

万能模板　累计问题

根据面试题 36，我们可以总结出累计问题的万能模板，如图 6.12 所示。

- 这个模板中的灰色尖括号部分，表示要根据具体问题来修改。
- 汇总函数可以更换：比如，累计求和，就用 sum() 函数；累计求平均值，就用 avg() 函数。
- 加上 partition by 子句就是在每组内累计；如果不加，则表示对表的某一列整体进行累计。
- 加上 rows between 就是设置移动窗口，声明累计从第几行到第几行。

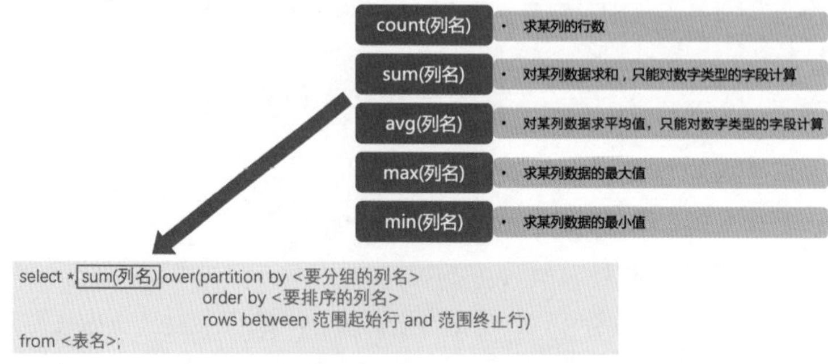

图 6.12　累计问题的万能模板

6.6　每组内比较问题

什么是每组内比较问题呢？我们通过下面的面试题来看一下，同时通过面试题总结出该类问题的万能模板。

面试题 37：每组大于平均值

【题目】

表 6.30 所示为“成绩表”，记录了每个学生各科的成绩。现在要查找单科成绩高于该科目平均成绩的学生名单。

表 6.30　成绩表

姓名	科目	成绩
张三	语文	90
李四	语文	81
王朝	语文	79
马汉	语文	88
张三	数学	85
李四	数学	86
王朝	数学	92
马汉	数学	83
张三	英语	87
李四	英语	98
王朝	英语	93
马汉	英语	95

【解题思路】

“单科成绩高于该科目平均成绩”，也就是在每个科目中（按科目分组），每组（“语文”算一组，“数学”算一组，“英语”算一组）里面成绩高于该组的课程平均成绩。

这种分组后在组内比较的问题，就是每组内比较问题。

（1）计算每组平均值。

可以先用 partition by 子句分组，然后把窗口函数换成汇总函数（平均值函数 avg()）。

SQL 语句的书写方法如下：

```
select *,
        avg( 成绩 ) over (partition by 科目 ) as 平均成绩
from 成绩表 ;
```

注意，这里不是求累计平均值，所以，不需要使用 order by 子句。查询结果如表 6.31 所示。

表 6.31　每个科目的平均成绩

姓名	科目	成绩	平均成绩
张三	数学	85	86.50
李四	数学	86	86.50
王朝	数学	92	86.50
马汉	数学	83	86.50
张三	英语	87	93.25
李四	英语	98	93.25
王朝	英语	93	93.25
马汉	英语	95	93.25
张三	语文	90	84.50
李四	语文	81	84.50
王朝	语文	79	84.50
马汉	语文	88	84.50

（2）筛选出每科成绩大于平均成绩的学生姓名。

把第（1）步中的 SQL 查询结果作为子查询，然后用 where 子句筛选出符合条件的数据。

SQL 语句的书写方法如下：

```
select 科目 , 姓名
from
(select *,
         avg( 成绩 ) over (partition by 科目 ) as 平均成绩
```

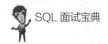

```
from 成绩表
) as a
where 成绩 > 平均成绩;
```

查询结果如表 6.32 所示。

表 6.32　每科成绩大于平均成绩的学生姓名

科目	姓名
数学	王朝
英语	李四
英语	马汉
语文	张三
语文	马汉

万能模板　每组内比较问题

根据面试题 37，我们可以总结出每组内比较问题的万能模板，如图 6.13 所示。

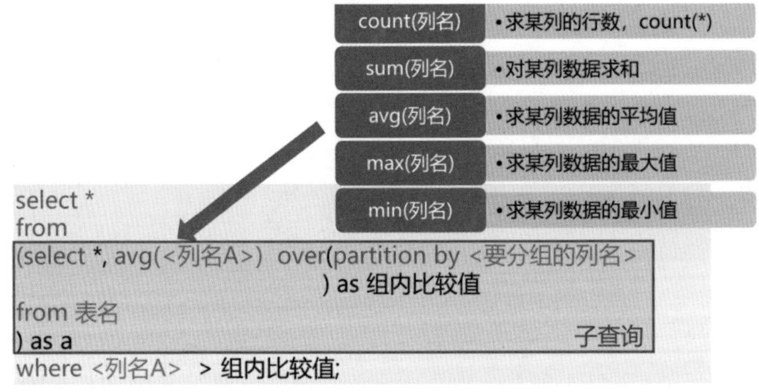

图 6.13　每组内比较问题的万能模板

- 模板中的灰色尖括号部分，表示要根据具体问题来修改。
- 子查询里的汇总函数可以根据要比较的具体问题修改成对应的汇总函数。
- where 子句中的列名 A 对应汇总函数里的列名 A，根据具体问题对应修改列名即可。

面试题 38：低于平均薪水的雇员

表 6.33 所示为“薪水表”，包含雇员编号、部门编号和薪水的信息。

现在公司要找出每个部门低于平均薪水的雇员，然后进行培训来提高雇员工作效率，从而提高雇员薪水。

表 6.33 薪水表

雇员编号	部门编号	薪水
10001	1	60117
10002	2	92102
10003	2	86074
10004	1	66596
10005	1	66961
10006	2	81046
10007	2	94333
10008	1	75286
10009	2	85994
10010	1	76884

套用图 6.14 所示的每组内比较问题万能模板，按部门编号分组（partition by 部门编号），计算每组平均值（avg(薪水)）

SQL 语句的书写方法如下：

```
select 雇员编号 , 部门编号 , 薪水
from
(select *,
        avg( 薪水 ) over (partition by 部门编号 ) as 平均薪水
from 薪水表
) as a
where 薪水 < 平均薪水 ;
```

查询结果如表 6.34 所示。

表 6.34 每个部门低于平均薪水的雇员信息

雇员编号	部门编号	薪水
10001	1	60117
10004	1	66596
10005	1	66961
10003	2	86074
10006	2	81046
10009	2	85994

6.7 连续问题

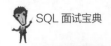

连续问题用偏移窗口函数 lead()、lag() 来解决。我们通过面试题来看一下如何解决连续问题。

面试题 39：连续 3 次为球队得分的球员名单

【题目】

两支篮球队进行了激烈的比赛，比分交替上升。比赛结束后，你有一个两队分数的明细表（名称为“分数表”），如图 6.14 所示。表中记录了球队、球员号码、球员姓名、得分分数及得分时间。现在球队要对比赛中表现突出的球员进行奖励。

分数表

球队	球员号码	球员姓名	得分分数	得分时间
A	1	A1	1	2020/8/28 09:01:14
A	5	A5	1	2020/8/28 09:02:28
B	4	B4	3	2020/8/28 09:03:42
A	4	A4	3	2020/8/28 09:04:55
B	1	B1	3	2020/8/28 09:06:09
A	3	A3	3	2020/8/28 09:07:23
A	4	A4	3	2020/8/28 09:08:37
B	1	B1	2	2020/8/28 09:09:51
B	2	B2	2	2020/8/28 09:11:05
……				

备注：表中只显示部分数据

图 6.14 “分数表”数据样例

问题：请你写一个 SQL 语句，统计出连续 3 次为球队得分的球员名单。

【解题思路】

（1）分组排序。

连续 3 次得分是指，将比赛得分时间从前到后排序，某个球员连续 3 次得分。这里有两支球队需要分组计算，所以使用排序窗口函数，先根据球队分组，再按得分时间排序。

SQL 语句的书写方法如下：

```
select *,
       rank() over(partition by 球队 order by 得分时间 ) as 排名
from 分数表 ;
```

查询结果如图 6.15 所示。

查询结果

球队	球员号码	球员姓名	得分分数	得分时间	排名
A	1	A1	1	2020/8/28 09:01:14	1
A	5	A5	1	2020/8/28 09:02:28	2
A	4	A4	3	2020/8/28 09:04:55	3
A	3	A3	3	2020/8/28 09:07:23	4
A	4	A4	3	2020/8/28 09:08:37	5
A	1	A1	2	2020/8/28 09:13:32	6
A	1	A1	1	2020/8/28 09:14:46	7
A	1	A1	1	2020/8/28 09:16:00	8
A	2	A2	3	2020/8/28 09:19:42	9
……					

备注：表中只显示部分数据

图 6.15　按球队及得分时间排序

上述结果中，我们能看出 A1 连续出现了 3 次，但是如何用 SQL 语句得出所有连续出现 3 次的球员姓名呢?

（2）找出连续出现 3 次的值。

如图 6.16 所示，如果我们将“球员姓名”列向上错位 1 行到第 2 列，向上错位 2 行到第 3 列。那么原本第 1 列连续的 3 个值会到同一行中去。第 1 列 3 个连续 A1 值，现在到了同一行。

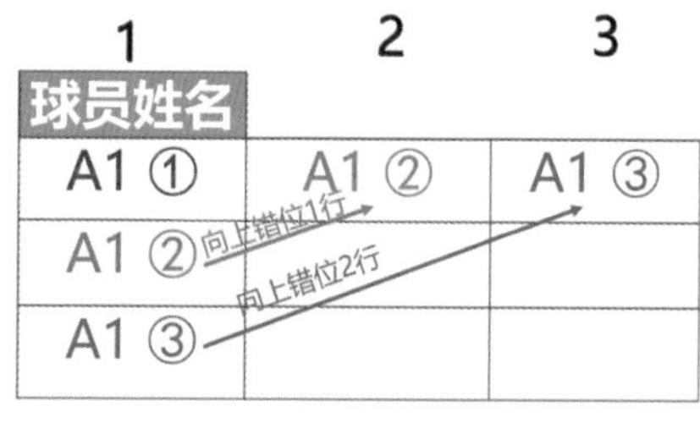

图 6.16　错行示例

经过这种变化以后，我们只需要用一个 where 子句找出 3 列相等的值，就可以筛选出连续出现 3 次的球员姓名。

那么，如何用 SQL 语句实现上述错位两列的效果呢?

可以用偏移窗口函数 lead() 或者 lag()。

- 向上偏移窗口函数 lead()：取出所在列向上 *N* 行的数据，作为独立的列。
- 向下偏移窗口函数 lag()：取出所在列向下 *N* 行的数据，作为独立的列。

语法如下：

```
lead( 列名 ,N, 默认值 ) over(partition by... order by...)
lag( 列名 ,N, 默认值 ) over(partition by... order by...)
```

默认值是指，在向上 *N* 行或者向下 *N* 行时，如果已经超出了表中行和列的范围，则会将这个默认值作为函数的返回值。如果没有指定默认值，则返回 null。

下面通过一个例子详细说明偏移窗口函数 lead() 和 lag() 的用法。

用向上偏移窗口函数 lead()，得到球员姓名向上 1 行的列（第 2 列），因为 A1 向上 1 行超出了表的范围，所以第 2 列对应的值就是默认值（不设置默认值就是 null），如图 6.17 所示。

用向下偏移窗口函数 lag()，得到球员姓名向下 1 行的列（第 2 列），如图 6.18 所示。

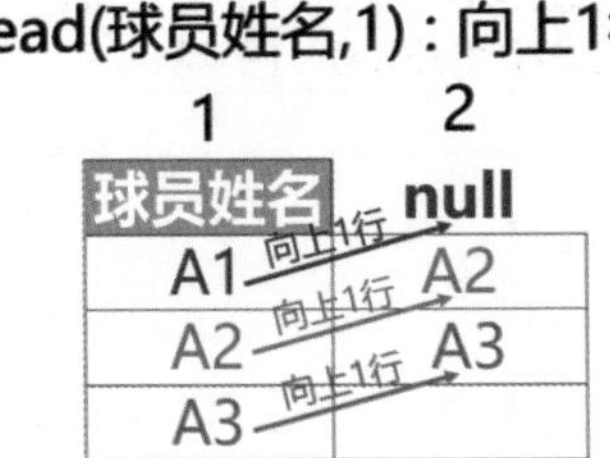

图 6.17　偏移窗口函数 lead() 用法

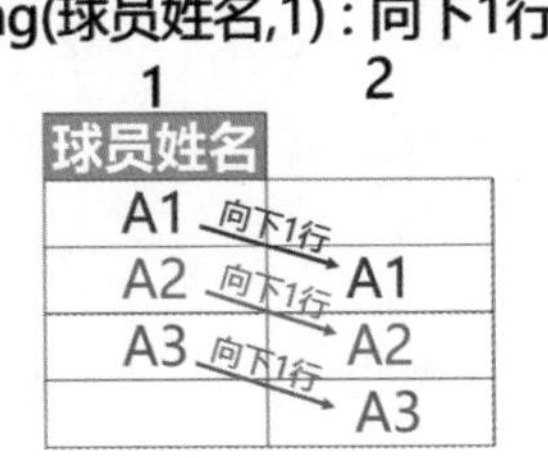

图 6.18　偏移窗口函数 lag() 用法

根据上面的分析，我们要得到连续出现 3 次的值，需要得到球员姓名向上 1 行和向上 2 行的值，也就是：

```
lead(球员姓名,1)
lead(球员姓名,2)
```

SQL 语句的书写方法如下：

```
select 球员姓名,
       lead(球员姓名,1) over(partition by 球队 order by 得分时间) as 
姓名1,
       lead(球员姓名,2) over(partition by 球队 order by 得分时间) as 
姓名2
from 分数表;
```

查询结果如图 6.19 所示。

查询结果

球员姓名	姓名1	姓名2
A1	A5	A4
A5	A4	A3
A4	A3	A4
A3	A4	A1
A4	A1	A1
A1	A1	A1
A1	A1	A2
A1	A2	A1
A2	A1	A5
	...	

向上1行　向上2行

备注：表中只显示部分数据

图 6.19　球员向上 1 行、向上 2 行的结果

完成上面工作后，就可以使用where子句筛选出3个值都相同的行，也就是球员姓名 = 姓名1 and 球员姓名 = 姓名2，同时最后的球员姓名需要去重（用disitinct关键字去重）。

SQL语句的书写方法如下：

```
select distinct 球员姓名
from
(select 球员姓名,
        lead(球员姓名,1) over(partition by 球队 order by 得分时间)
as 姓名1,
        lead(球员姓名,2) over(partition by 球队 order by 得分时间)
as 姓名2
from 分数表
) as a
where 球员姓名 = 姓名1 and 球员姓名 = 姓名2;
```

查询结果如表6.35所示。

表6.35 连续3次为球队得分的球员

球员姓名
A1
A3

本面试题使用向下偏移窗口函数lag()也可以得到一样的结果，原理类似。

使用向下偏移窗口函数lag()的参考SQL语句如下：

```
select distinct 球员姓名
from
(select 球员姓名,
        lag(球员姓名,1) over(partition by 球队 order by 得分时间) as
姓名1,
        lag(球员姓名,2) over(partition by 球队 order by 得分时间) as
姓名2
from 分数表
) as a
where 球员姓名 = 姓名1 and 球员姓名 = 姓名2;
```

【本题考点】

考查偏移窗口函数lead()、lag()的用法。这两个函数一般用于计算差值，例如：

- 计算花费时间。例如：某数据是每个用户浏览网页的时间记录，将记录的时间错位之后，进行两列相减就可以得到每个用户浏览每个网页实际花费的时间。
- 计算与上次相比薪水涨幅。同样，将薪水数据错位之后，将两列薪水相减可得到薪水涨幅。

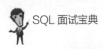

万能模板 连续出现 *N* 次问题

通过面试题 39，我们可以总结出“连续出现 *N* 次问题”的万能模板，如图 6.20 所示。

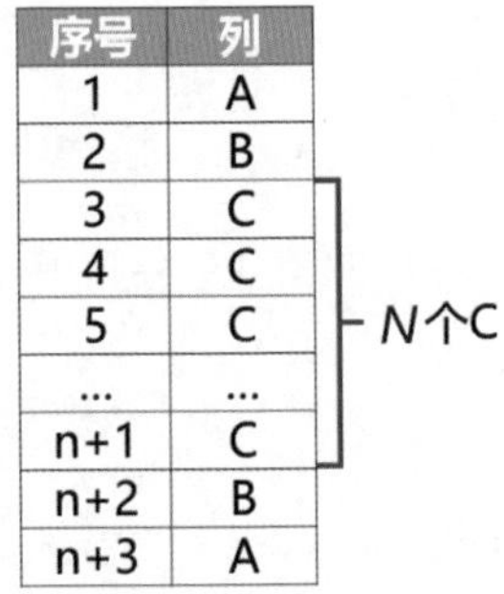

序号	列
1	A
2	B
3	C
4	C
5	C
…	…
n+1	C
n+2	B
n+3	A

图 6.20　连续出现 *N* 次问题

SQL 语句的书写方法如下：

```
select distinct 列
from
(select 列,
   lead(列,1) over(partition by 分组的列 order by 排序的列) as 列1,
   lead(列,2) over(partition by 分组的列 order by 排序的列) as 列2,
   ...
   lead(列,n-1) over(partition by 分组的列 order by 排序的列) as 列n-1
from 表名
) as a
where (列 = 列1 and ... and 列 = 列n-1);
```

面试题 40：连续出现 *N* 次问题【举一反三】

表 6.36 所示为学生的“成绩表”，需要查找所有连续出现 3 次的成绩。

表 6.36　成绩表

学号	成绩
0001	89
0002	76
0003	76
0004	84

续表

学号	成绩
0005	84
0006	84
0007	76
0008	91
0009	88
0010	86

本面试题使用向下偏移窗口函数 lag()。

SQL 语句的书写方法如下：

```
select distinct 成绩
from
(select 成绩 ,
        lag( 成绩 ,1) over(order by 学号 ) as 成绩 1,
        lag( 成绩 ,2) over(order by 学号 ) as 成绩 2
from 成绩表
) as a
where 成绩 = 成绩 1 and 成绩 = 成绩 2;
```

查询结果如表 6.37 所示。

表 6.37　连续出现 3 次的成绩

成绩
84

面试题 41：连续访问记录

【题目】

表 6.38 所示为互联网企业用户访问商城各页面的“访问记录表”。

表 6.38　访问记录表

用户 ID	访问的页面	访问页面时间
1001	1	3:01:01
1001	1	3:04:00
1001	1	3:05:43
1001	1	3:07:20

续表

用户 ID	访问的页面	访问页面时间
1001	2	3:10:00
1001	2	3:13:00
1001	1	3:15:15
1001	2	4:00:08
1001	3	5:15:29
1001	3	6:15:10
1001	3	7:56:10
1001	3	8:08:00

现在要求当用户连续访问同一个页面时，只保留第一次访问记录，即得到如表 6.39 所示的结果。

表 6.39　结果样例

用户 ID	访问的页面	访问页面时间
1001	1	3:01:01
1001	2	3:10:00
1001	1	3:15:15
1001	2	4:00:08
1001	3	5:15:29

【字段说明】

- 用户 ID：用户的账户。
- 访问的页面：用户访问商城时查看的页面。
- 访问页面时间：用户打开该页面的时间点。

【解题思路】

本面试题本质上是找出连续出现两次的数据（连续访问页面）。对于连续出现两次的数据只保留 1 个（只保留第 1 次访问记录）。

（1）找出连续出现两次的数据（连续访问页面）。

使用向下偏移窗口函数 lag(访问的页面 ,1)，得到“上一个访问的页面”。其中，获取每个用户的访问行为，需要按“用户 ID”分组（partition by 用户 ID），按照访问页面时间从小到大排序（order by 访问页面时间 asc）。SQL 语句的书写方法如下：

```
select 用户 ID, 访问的页面 , 访问页面时间 ,
        lag( 访问的页面 ,1) over(partition by 用户 ID
                                order by 访问页面时间 asc) as 上一个访问
的页面
from 访问记录表 ;
```

查询结果如表 6.40 所示。

表 6.40　增加“上一个访问的页面”列

用户 ID	访问的页面	访问页面时间	上一个访问的页面
1001	1	3:01:01	NULL
1001	1	3:04:00	1
1001	1	3:05:43	1
1001	1	3:07:20	1
1001	2	3:10:00	1
1001	2	3:13:00	2
1001	1	3:15:15	2
1001	2	4:00:08	1
1001	3	5:15:29	2
1001	3	6:15:10	3
1001	3	7:56:10	3
1001	3	8:08:00	3

（2）筛选出符合条件的数据。

筛选条件：本次访问的页面（也就是“访问的页面”列中的数据）不等于“上一个访问的页面”。这样就得到了连续出现两次的数据，只保留 1 个（只保留第 1 个访问记录）。

SQL 语句的书写方法如下：

```
select a. 用户 ID,a. 访问的页面 ,a. 访问页面时间
from
(select 用户 ID, 访问的页面 , 访问页面时间 ,
```

```
        lag(访问的页面,1) over(partition by 用户ID
                          order by 访问页面时间 asc) as 上一个访问的页面
from 访问记录表
) as a
where a.上一个访问的页面 is null or a.访问的页面 != a.上一个访问的页面;
```

第 7 章 SQL 高级功能

前面几章介绍的 SQL 功能已经可以解决 90% 的日常业务需求，而 SQL 还提供了一些更加复杂的高级功能，这些功能对解决复杂业务需求很有帮助。

本章介绍第 2 章 2.2.6 节“SQL 高级功能”相关的知识和面试题。

考查知识点：

存储过程、自定义变量、日期时间函数等。

7.1 存储过程

通过下面的面试题，我们了解一下存储过程的定义（概念），存储过程的优、缺点，以及存储过程的使用。

面试题 42：存储过程的概念

【题目】

面试官：你知道什么是存储过程吗？存储过程有什么优、缺点？（本面试题属于问答形式，与解题形式的面试题有些区别。）

【解题思路】

1. 什么是存储过程

在使用 SQL 语句查询数据时，你是否发现有时需要重复地写实现某一特定功能的 SQL 语句？

直接重复多次写同样的 SQL 语句不仅增加了工作量，还使代码变得复杂、冗长。这时你可能会想，是否可以将重复使用的 SQL 语句“组装”起来，当需要使用时，直接调用即可。那么，如何实现这样的功能呢？

存储过程（procedure）可以实现这一功能！

定义存储过程的语法如下：

```
delimiter $$
create procedure <存储过程名称>([参数1,参数2,...])
begin
<SQL 语句 1>;
<SQL 语句 2>;
...
end$$
delimiter;
```

begin 和 end 之间的 <SQL 语句 > 就是存储过程的内容，被称为“过程体”，过程体里可以有多条完整的 SQL 语句，但每条 SQL 语句都要以“;”结束。

delimiter 用于定义结束符。通常，SQL 语句的默认结束符为“;”，但为了将过程体内部的语句分隔符与 SQL 本身执行层面的结束符区别开，要先用 delimiter 关键字暂时将 SQL 语句的默认结束符改为其他符号，一般改成“$$”。所以 end 后跟了“$$”，表示定义存储过程的语句到此结束。

存储过程定义结束后，再使用 delimiter 关键字将默认结束符改为“;”，即“delimiter;”。

存储过程可以设置多个参数，参数包括 3 个部分：参数模式、参数名、参数类型。

参数模式有 3 种，分别如下。

- in：输入的参数。
- out：作为返回值的参数（输出的参数）。
- inout：既可以作为输入参数，也可以作为返回值的参数。

存储过程定义好后，使用 call 关键字就可以实现调用。

```
call <存储过程名称> ([参数值1，参数值2,...]);
```

我们通过一个例子，看一下如何定义和使用存储过程。

表 7.1 所示为“学生表”，“学号”列记录学生的学号，“姓名”列记录学生的姓名。

表 7.1　学生表

学号	姓名
0001	张三
0002	李四
0003	王朝
0004	马汉
0005	猴子
0006	扎扎

（1）不带参数的存储过程。

定义一个查询所有学生姓名的存储过程并调用。定义存储过程的 SQL 语句的书写方法如下:

```
delimiter $$
create procedure student_name()
begin
select 姓名
from 学生表;
end$$
delimiter;
```

调用该存储过程的 SQL 语句的书写方法如下:

```
call student_name();
```

查询结果如表 7.2 所示。

表 7.2　不带参数的存储过程查询结果

姓名
张三
李四
王朝
马汉
猴子
扎扎

可以看到，该存储过程没有参数，定义及调用存储过程时括号内为空。

（2）带 in 参数模式的存储过程。

定义一个存储过程查询指定学号的学生姓名，并调用存储过程找出学号为 0001 的学生姓名。

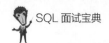

查询学号为 0001 的学生姓名的常用 SQL 语句的书写方法如下：

```
select 姓名
from 学生表
where 学号 ='0001';
```

如果业务需求不是固定的，即每次指定的学号不同，该如何处理呢？比如，今天查找学号为 0001 的学生，明天要查找学号为 0002 的学生。

这种情况下，我们可以把学号的值当成一个变量处理，并将这个变量作为存储过程的参数。在调用存储过程时，直接传入指定参数值（学号）。

例如，使用 in 参数模式定义存储过程的 SQL 语句的书写方法如下：

```
delimiter $$
create procedure get_name(in num varchar(100))
begin
select 姓名
from 学生表
where 学号 = num;
end$$
delimiter;
```

其中，“in num varchar(100)”定义了存储过程 get_name 的输入参数，in 为参数模式，参数名是 num，参数类型是 varchar(100)，即字符串类型。

输入参数值后，过程体中的 SQL 语句“where 学号 = num”就能对学号进行筛选了。这样用参数定义的存储过程，无论查询哪个学号的学生姓名，都能实现。

假如，现在业务人员的需求是查询学号为 0001 的学生姓名，那么在使用存储过程（get_name）时传入参数值“0001”就可以了，如下：

```
call get_name('0001');
```

查询结果如表 7.3 所示。

表 7.3　带 in 参数模式的存储过程调用结果 1

姓名
张三

如果业务需求发生了变化，现在要查询学号为 0004 的学生姓名，修改参数值为“0004”就可以了，如下：

```
call get_name('0004');
```

查询结果如表 7.4 所示。

表 7.4　带 in 参数模式的存储过程调用结果 2

姓名
马汉

可以看到，只需要在调用存储过程时传入指定的参数值，就可以灵活地按业务需求进行查询。所以，可以把重复使用的 SQL 语句定义到存储过程中，提高工作效率。

（3）带 out 参数模式的存储过程。

定义一个存储过程查询指定学号的学生姓名，并将获取的学生姓名赋值给变量并输出。

使用 out 参数模式定义存储过程的 SQL 语句的书写方法如下：

```
delimiter $$
create procedure get_name1(in num varchar(100),out st_name
varchar(100))
begin
select 姓名 into st_name # 将查询到的姓名赋值给变量 st_name
from 学生表
where 学号 = num;
end$$
delimiter;
```

在过程体中，将查询到的姓名通过 into 关键字赋值给了变量 st_name，在 get_name1 后面的括号中将变量 st_name 通过 out 关键字设置为输出参数。

这样，过程体中的查询结果不会直接输出，而是赋值给了变量 st_name，作为返回值。

在调用该存储过程时，需要传入变量将返回值带出，如查询学号为 0001 的学生姓名：

```
call get_name2('0001',@name); # 将返回值赋值给变量 @name
```

该调用语句中，“0001”是传入的输入参数，@name 作为变量用于接收返回值，这样，查询得到的结果存储在变量 @name 里，如图 7.1 所示。

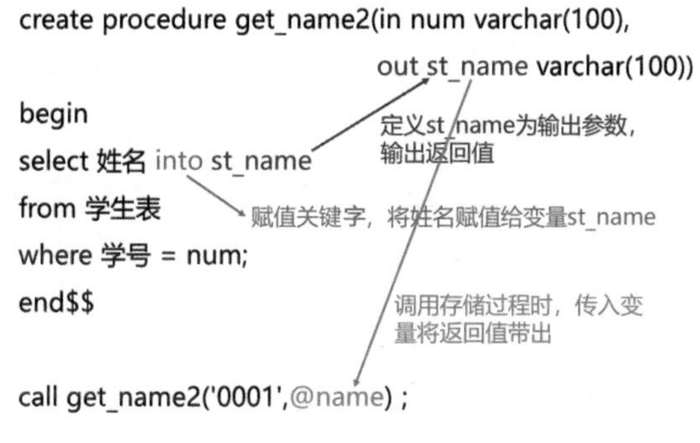

图 7.1　带 out 参数模式的存储过程实现逻辑

若要查看变量 @name 里的数据，则需要使用 select 关键字：

```
select @name;
```

查询结果如表 7.5 所示。

表 7.5　带 out 参数模式的存储过程调用结果

@name
张三

（4）带 inout 参数模式的存储过程。

定义一个存储过程，实现传入一个整数参数，值扩大 2 倍后返回，SQL 语句的书写方法如下：

```
delimiter $$
create procedure get_mul(inout a int)
begin
set a = a * 2;
end$$
delimiter;
```

在该存储过程中，变量 a 既是输入参数，也是输出参数（返回值）。

调用这个存储过程的 SQL 语句的书写方法如下：

```
set @num = 10; # 将初始值赋值给变量 @num
call get_mul(@num); # 调用存储过程，@num 既传入参数，也接收返回值
select @num; # 查看 @num 中的数据
```

查询结果如表 7.6 所示。

表 7.6　带 inout 参数模式的存储过程调用结果

@num
20

注意：

- 创建不同的存储过程，要使用不同的存储过程名称，相同的存储过程名称会引起系统报错。
- 确保参数名不等于列名，否则在过程体中，参数名将被当作列名来处理。

如果需要删除定义好的存储过程，可使用以下语句：

```
drop procedure [if exists] <存储过程名称>;
```

其中，if exists 是非必需的，它的作用是防止因删除不存在的存储过程而引发错误。

2. 存储过程的优、缺点

通过上述定义和使用存储过程的案例，我们可以发现存储过程有如下优点。

（1）简化查询语句。

将重复性查询语句封装成存储过程，在需要用到的地方直接调用定义好的存储过程，这大大简化了 SQL 语句，使查询语句更加灵活、易读。

（2）提高运行效率。

运行查询语句时，数据库是先编译后运行的。而存储过程是一个已经编译好的代码块，直接调用存储过程，其运行效率比普通查询语句高。

（3）加强数据安全。

通过存储过程能够使没有权限的用户在控制之下，间接地提取数据库中的数据，从而确保数据的安全。

（4）易于维护。

假设你要开发一个使用数据库的应用程序，你应该将 SQL 语句写在哪里呢？

如果你将 SQL 语句内嵌在应用程序代码中，那么将使整个程序变得混乱且难以维护。通常情况下，我们应该将 SQL 语句和应用程序代码分开，将 SQL 语句存储在所属数据库的存储过程中，并且只在应用程序代码中调用存储过程。这样，数据库专业人员可以随时对存储过程进行修改，而不对应用程序源代码产生影响，更加易于维护。

（5）减少网络流量。

由于存储过程是一个编译好的代码块，当在其他计算机上调用该存储过程时，网络中传送的将是编译好的代码块，这可以大大减少网络流量并降低网络负载。

事物都有两面性，存储过程有上述优点，但是也有下面的缺点。

（1）可移植性差。

存储过程是存储在特定数据库中的，若将程序移植、关联到其他不同的数据库中，可能会导致存储过程失效或运行出错。

（2）调试困难。

SQL 语句的开发环境不如其他编程语言的开发环境功能全面，存储过程的调试要比一般程序的调试困难。

（3）无法处理复杂的业务逻辑。

SQL 语言有它本身的局限性，因为 SQL 语言是一种结构化查询语言，只擅长查询数据。对于复杂的业务逻辑，存储过程实现起来比较困难且难以维护。

面试题 43：存储过程的使用

【题目】

写出 SQL 的存储过程，建立一个“职员表”，列名是“姓名”“年龄”和“职位”，然后向里面插入 6 条数据，查询出年龄大于 30 岁的职员的所有信息。6 条数据如表 7.7 所示。

表 7.7　职员表

姓名	年龄	职位
张三	23	职员
李四	35	职员
王朝	45	经理
马汉	26	职员
猴子	28	主管
扎扎	37	部长

【解题思路】

（1）创建表。

创建表的 SQL 语法如下：

```
create table <表名>(<列名> [<数据类型>]);
```

首先，根据上述语法创建“职员表”，SQL 语句的书写方法如下：

```
create table 职员表(
姓名 varchar(20),
年龄 int,
职位 varchar(20));
```

然后，我们定义创建“职员表”的存储过程，该存储过程的过程体就是上述语句。

SQL 语句的书写方法如下：

```
delimiter $$
create procedure create_table()
begin
create table 职员表(
姓名 varchar(20),
年龄 int,
职位 varchar(20));
end$$
delimiter;
```

定义好存储过程后，就可以调用此过程以创建“职员表”：

```
call create_table();
```

（2）向表中添加数据。

向表中添加数据的 SQL 语法为：

```
insert into <表名>([ <列名1> [ , ... <列名n>] ]) values(值1,...,值n);
```

根据这个语法将 6 条数据添加到创建好的“职员表”中。

SQL 语句的书写方法如下：

```
insert into 职员表 ( 姓名 , 年龄 , 职位 ) values(' 张三 ',23, ' 职员 ');
insert into 职员表 ( 姓名 , 年龄 , 职位 ) values(' 李四 ',35, ' 职员 ');
insert into 职员表 ( 姓名 , 年龄 , 职位 ) values(' 王朝 ',45, ' 经理 ');
insert into 职员表 ( 姓名 , 年龄 , 职位 ) values(' 马汉 ',26, ' 职员 ');
insert into 职员表 ( 姓名 , 年龄 , 职位 ) values(' 猴子 ',28, ' 主管 ');
insert into 职员表 ( 姓名 , 年龄 , 职位 ) values(' 扎扎 ',37, ' 部长 ');
```

可以看到，上述 SQL 语句重复了 6 次同样的操作，我们可以使用带参数的存储过程将这个操作封装成一般化操作。

因为每次输入的姓名、年龄和职位都是变化的（它们是变量），所以我们将姓名、年龄和职位作为存储过程的输入参数。

SQL 语句的书写方法如下：

```
delimiter $$
create procedure insert_table(in pname varchar(20),in age int,in 
post varchar(20))
begin
insert into 职员表 ( 姓名 , 年龄 , 职位 ) values(pname, age, post);
end$$
delimiter;
```

该存储过程中，pname、age、post 是定义的输入参数，分别对应姓名、年龄、职位。

定义好这个存储过程后，我们就可以调用该过程 6 次，从而将 6 条数据都添加到“职员表”中。每次调用时，将具体的姓名、年龄、职位传入存储过程。

SQL 语句的书写方法如下：

```
call insert_table(' 张三 ',23, ' 职员 ');
call insert_table(' 李四 ',35, ' 职员 ');
call insert_table(' 王朝 ',45, ' 经理 ');
call insert_table(' 马汉 ',26, ' 职员 ');
call insert_table(' 猴子 ',28, ' 主管 ');
```

```
call insert_table('扎扎',37, '部长');
```

（3）查询年龄大于 30 岁的职员信息。

SQL 语句的书写方法如下：

```
select *
from 职员表
where 年龄 > 30;
```

我们可以将筛选大于 30 岁这个特定年龄的操作改为筛选大于某个年龄的一般化操作，这样就可以自己灵活设定年龄，而不仅仅是筛选大于 30 岁的数据。

依然使用带参数的存储过程来实现，其中，将年龄作为输入参数。

SQL 语句的书写方法如下：

```
delimiter $$
create procedure filter_age(in age int)
begin
select *
from 职员表
where 年龄 > age;
end$$
delimiter;
```

现在，我们调用这个定义好的存储过程，来查询年龄大于 30 岁的职员信息，调用时，将年龄值 30 传入存储过程，SQL 语句的书写方法如下：

```
call filter_age(30);
```

查询结果如表 7.8 所示。

表 7.8　调用存储过程查询年龄大于 30 岁的职员信息

姓名	年龄	职位
李四	35	职员
王朝	45	经理
扎扎	37	部长

若要筛选年龄大于 40 岁的职员信息呢？很简单，也是直接调用 filter_age() 这个存储过程即可。

SQL 语句的书写方法如下：

```
call filter_age(40);
```

查询结果如表 7.9 所示。

表 7.9 调用存储过程查询年龄大于 40 岁的职员信息

姓名	年龄	职位
王朝	45	经理

【本题考点】

考查如何定义存储过程，如何使用存储过程。

7.2 自定义变量

变量，顾名思义，就是能变化的量。它不是一个特定的值，但是我们可以通过给变量赋值，让它变为确定的值。

比如，姓名可以是张三、李四、王朝、马汉……这里我们把姓名统称为变量 name。如果姓名为张三，则将“张三”赋值给 name，即 name =‘张三’；如果姓名为李四，则将“李四”赋值给 name，即 name =‘李四’。

这样，变量就可以根据业务需求，变为不同的数值。

数据库中的变量分为两大类：系统变量、用户自定义变量。

（1）系统变量是用于设置数据库行为和方式的参数。比如，启动数据库占用多大内存、设置访问权限、日志文件的大小、文件存放位置等。系统变量一般设有默认值，但可以在启动数据库后进行修改。

（2）用户自定义变量是由用户自己定义的变量，包括会话变量和局部变量两类，主要用于在 SQL 语句内部或者不同 SQL 语句之间传递数据。

其中，用户自定义变量在日常工作中使用频繁，常用于存储过程和自定义函数中，所以，面试时经常考查的也是自定义变量相关的知识。

下面我们通过面试题来学习用户自定义变量，包括会话变量和局部变量。

面试题 44：会话变量和局部变量的区别

【题目】

面试官：请你说说用户自定义变量中，会话变量和局部变量有什么区别?

【解题思路】

1. 用户自定义变量：会话变量

会话变量是在当前会话中起作用的变量，其作用域和生命周期均与当前客户端（例如数据库客户端 Navicat）连接。若当前客户端连接断开，会话变量随即被清除。会话变量主要用于在不同 SQL 语句之间传递数据。

会话变量的声明和赋值是同时进行的。声明和赋值语法有如下两种。

（1）使用 set 关键字声明并赋值。

```
set @会话变量名 = 值或表达式;
```

"@" 符号是会话变量的标识符，即在变量名称前加 "@" 表示此变量为会话变量。

示例 1:

使用 set 关键字，对会话变量进行声明并赋值。变量 @a1 赋值为 1，变量 @a2 赋值为 2:

```
set @a1=1, @a2=2;
```

定义好的变量如何使用呢？可以使用 select 关键字查询变量值:

```
select @a1, @a2;
```

查询结果如表 7.10 所示。

表 7.10　会话变量的使用示例 1 结果

@a1	@a2
1	2

（2）使用 select 关键字声明并赋值。

```
select @会话变量名 := 值或表达式;
select 值或表达式 into @会话变量名;
select 字段 into @会话变量名 from...; #字段值必须为单个值
```

需要注意的是，使用“select 字段 into @ 会话变量名 from...”赋值时，查询出的字段值必须是单个值，否则会因为无法将多个值赋值给一个变量而报错。

赋值符号“=”和“:=”有什么区别呢？

因为在 MySQL 数据库中没有“==”这一比较符号，使用 select 关键字时，进行等于比较使用的是“=”符号，为了系统可以区分这是赋值还是比较，特意增加了一个变量的赋值符号“:=”。

也就是说，使用 select 关键字赋值，必须使用“:=”，以区分比较符号“=”。

会话变量的默认返回类型由语句开始时的数据类型决定。如果查询一个没有赋值的变量，则会以字符串类型返回 null。

示例 2:

```
#使用 select 关键字对会话变量进行声明并赋值
select @a1 := 1 as a1,@a2 := 2 as a2;
select @a1 + @a2 into @a3;
#使用 select...into 语句声明赋值后，必须再使用 select 关键字查询变量的值
select @a3;
```

查询结果如表 7.11 所示。

表 7.11　会话变量的使用示例 2 结果

查询结果 1

@a1	@a2
1	2

查询结果 2

@a3
3

2. 用户自定义变量：局部变量

局部变量被放在 begin 和 end 之间的语句块中，其作用域仅限于该语句块内，也就是超过该作用域就不能使用这个局部变量了。

局部变量使用 declare 关键字声明，语法如下：

```
declare var_name[,...] type [default value];
```

其中：

- declare 是声明局部变量的关键字。
- var_name 是变量的名称，可以同时声明多个变量。
- type 是变量的数据类型。
- default value 将变量的默认值（初始值）设置为 value。若无 default，则变量的默认值为 null。

声明局部变量后，还可以对局部变量重新赋值：

```
set 局部变量名 = 值或表达式
```

例如，下面定义了局部变量 c、d，默认值是 0，使用 set 关键字对局部变量 c 重新赋值，让 c=a+b，SQL 语句的书写方法如下：

```
declare c,d int default 0;
set c = a + b;
```

因为局部变量被放在 begin 和 end 之间的语句块中，而定义存储变量的语法是 begin 和 end。所以，我们把上面定义的局部变量放到存储过程中来演示：

```
# 定义存储过程方法 1
delimiter $$
# 创建存储过程 ab
create procedure ab(in a int,in b int)
begin
declare c,d int default 0;
set c = a + b;
select c,d;
```

```
end$$
delimiter ;
```

调用存储过程，SQL 语句的书写方法如下：

```
call ab(4,5);
```

查询结果如表 7.12 所示。

表 7.12　局部变量的使用示例结果

c	d
9	0

通过上述内容，我们可以总结出局部变量和会话变量的区别，如表 7.13 所示。

表 7.13　局部变量和会话变量的区别

变量名	作用域	语法
局部变量	begin...end 语句块中	1. 使用 declare 提前声明；2. 一般需限定数据类型
会话变量	与当前客户端连接	1. 无须提前声明；2. 无须限定数据类型；3. 使用“@”标识符

【本题考点】

考查用户自定义变量中局部变量和会话变量的区别。

面试题 45：会话变量的使用

【题目】

表 7.14 所示为“成绩表”，包括“学号”“班级”和“成绩”3 列，使用变量计算每个班级的成绩，并进行排名，若成绩一样，则并列排名。

表 7.14　成绩表

学号	班级	成绩
0001	1	86
0002	1	95
0003	2	89
0004	1	83
0005	2	86
0006	3	92
0007	3	86
0008	1	88

【解题思路】

求出每个班级的成绩排名，这是一个排名问题，使用窗口函数的排名问题万能模板可以轻松解决，但是，题目要求使用变量，那么如何使用变量求出排名呢？

（1）不分班级进行成绩排名。

我们先看看使用变量如何进行总体排名（不分班级进行成绩排名）。

对成绩排名，实质上是先对成绩进行降序排列，然后对每行从上至下累计计数，如图 7.2 所示。

对成绩降序排列可以使用 order by 子句实现，而从上至下累计计数如何实现呢？

我们可以定义一个存储排名值的变量，该变量每下移一行，则排名值在上一行的基础上加 1，即变量（当前行的值）= 变量（上一行的值）+ 1。

图 7.2　不分班级对成绩进行排名的两个步骤

此操作是在当前客户端连接的会话中运行的，所以我们需要定义会话变量。SQL 语句的书写方法如下：

```
set @rank = 0;
select *,
       @rank := @rank + 1 as 排名
from 成绩表
order by 成绩 desc;
```

查询结果如图 7.3 所示。

上述语句的运行顺序如下。

① set 关键字声明会话变量 @rank 用于存储排名值，并给 @rank 赋予初始值 0，因为在未进行排名时，排名值为 0。

②从“成绩表”中取出学号、班级、成绩，并依据成绩进行降序排列。

③使用变量 @rank 从上至下对每行累计加 1，即 @rank := @rank + 1，得出每一行的排名值并存入“排名”列。比如，第 1 行，@rank 的初始值为 0，则 @rank := 0 + 1（@rank = 1），排名值为 1；第 2 行，@rank 的初始值为 1（第 1 行的排名值为第 2 行 @rank 的初始值），则 @rank := 1 + 1（@rank = 2），排名值为 2。如此循环，计算得到所有行的排名值。

学号	班级	成绩	排名
0002	1	95	1
0006	3	92	2
0003	2	89	3
0008	1	88	4
0001	1	86	5
0005	2	86	6
0007	3	86	7
0004	1	83	8

图 7.3　使用变量不分班级进行成绩排名

（2）将成绩相同的行并列排名。

图 7.3 所示的查询结果中成绩相同的排名并不一致（红框中的数据），这与题目要求不符，那我们如何将相同的成绩并列排名呢？

我们可以再定义一个存储成绩值的变量，若该变量的值与当前行的成绩值相等，则排名值不变；若不相等，则将当前行的成绩值赋值给该变量，并且排名值在上一行排名值的基础上加 1，如图 7.4 所示。

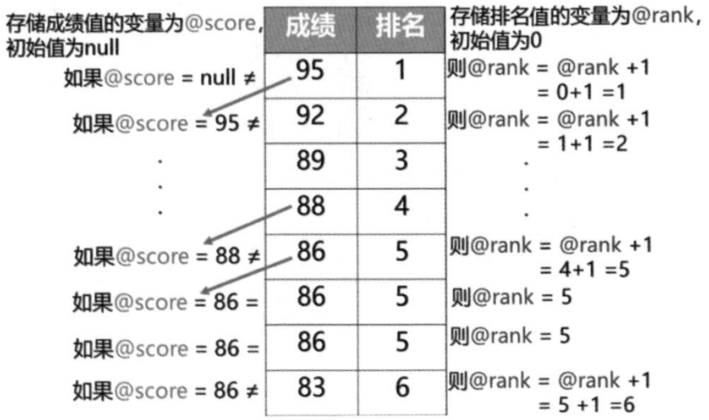

存储成绩值的变量为@score，初始值为null	成绩	排名	存储排名值的变量为@rank，初始值为0
如果@score = null ≠	95	1	则@rank = @rank +1 = 0+1 =1
如果@score = 95 ≠	92	2	则@rank = @rank +1 = 1+1 =2
.	89	3	.
.	88	4	.
如果@score = 88 ≠	86	5	则@rank = @rank +1 = 4+1 =5
如果@score = 86 =	86	5	则@rank = 5
如果@score = 86 =	86	5	则@rank = 5
如果@score = 86 ≠	83	6	则@rank = @rank +1 = 5 +1 =6

图 7.4　将相同的成绩并列排名的实现逻辑

实现上述描述的 SQL 语句的书写方法如下：

```
set @rank = 0, @score = null;
select *,
       case when @score = 成绩 then @rank
            when @score := 成绩 then @rank := @rank +1
            end as 排名
from 成绩表
order by 成绩 desc;
```

查询结果如表 7.15 所示。

表 7.15 将相同的成绩并列排名

学号	班级	成绩	排名
0002	1	95	1
0006	3	92	2
0003	2	89	3
0008	1	88	4
0001	1	86	5
0005	2	86	5
0007	3	86	5
0004	1	83	6

上述语句的运行顺序如下。

① set 关键字声明会话变量 @rank 用于存储排名值，并给 @rank 赋予初始值 0； 声明会话变量 @score 用于存储成绩值，初始值为 null。

②从“成绩表”中取出学号、班级、成绩，并依据成绩进行降序排列。

③进行条件判断，当 @score = 成绩时，当前行的排名值与上一行的排名值一致，即为 @rank；否则（@score ≠ 成绩），将当前行的成绩值赋值给 @score，即 @score := 成绩，并且当前行的排名值在上一行排名值的基础上加 1，即 @rank := @rank +1。

（3）分班级对成绩排名。

上述操作得出的排名没有分班级，现在我们来求每个班级的成绩排名。

对每个班级的成绩进行排名，核心思想是先按班级进行升序或者降序排列，然后在各班级内对成绩进行降序排列，最后在同一班级内，对每行从上至下累计计数，如图 7.5 所示。

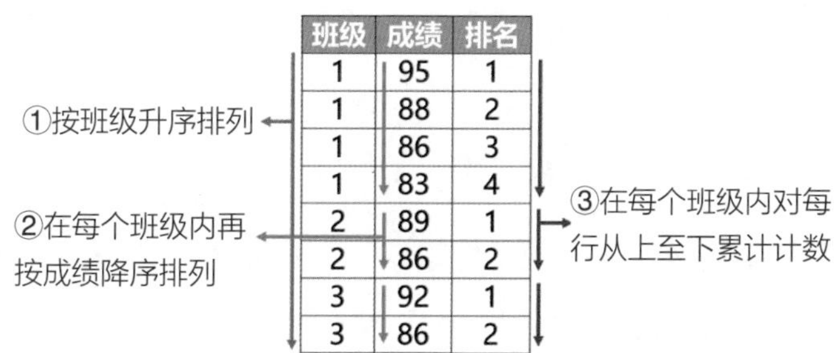

图 7.5 分班级对成绩进行排名的 3 个步骤

先对班级进行升序排列，再对成绩进行降序排列，同样使用 order by 子句实现，即 order by 班级 asc, 成绩 desc。

那如何实现在每个班级内进行排名呢?

我们可以继续定义一个存储班级值的变量，若该变量的值与当前行的班级值相等，则判断成绩值是否相等，若相等，则排名一致，否则排名加 1；若该变量的值与当前行的班级值不相等，则使当前行的排名值为 1（因为每个班级的首行成绩排名总是 1），如图 7.6 所示。

班级	成绩	排名
1	95	1
1	88	2
1	86	3
1	83	4
2	89	1
2	86	2
3	92	1
3	86	2

当前行的班级值与上一行不一样时，当前行的排名为1

图 7.6　每个班级的首行成绩排名总是 1

判断完一行数据后，将当前行的班级值和成绩值分别赋值给存储班级值的变量、存储成绩值的变量。接着按同样方法判断下一行的情况，如此循环直至最后一行，如图 7.7 所示。

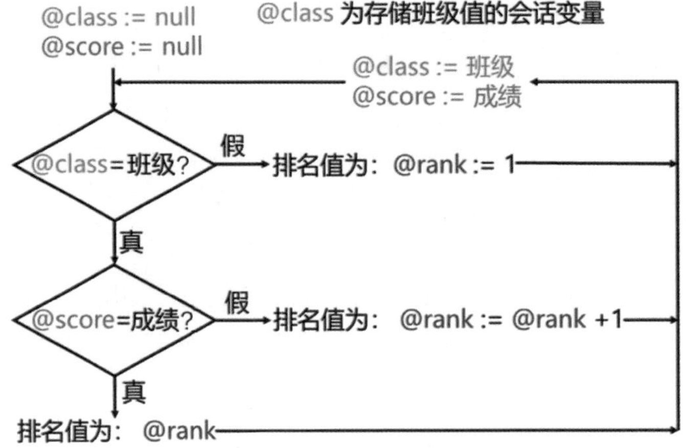

图 7.7　分班级对成绩进行排名的实现逻辑

实现上述逻辑的 SQL 语句的书写方法如下：

```
set @rank = 0, @class = null, @score = null;
select *,
       (case when @class = 班级 then (case when @score = 成绩 then @rank
                                           else @rank := @rank +1 end)
             else @rank := 1 end) as 排名,
        @class := 班级,
        @score := 成绩
from 成绩表
order by 班级 asc,成绩 desc;
```

查询结果如图 7.8 所示。

查询结果

学号	班级	成绩	排名	@class := 班级	@score := 成绩
0002	1	95	1	1	95
0008	1	88	2	1	88
0001	1	86	3	1	86
0004	1	83	4	1	83
0003	2	89	1	2	89
0005	2	86	2	2	86
0006	3	92	1	3	92
0007	3	86	2	3	86

图 7.8　**分班级对成绩进行排名**

上述语句的运行顺序如下。

① set 关键字声明会话变量 @rank 用于存储排名值，并给 @rank 赋予初始值 0；声明会话变量 @class 存储班级值，初始值为 null；声明会话变量 @score 用于存储成绩值，初始值为 null。

②从“成绩表”中取出学号、班级、成绩，先按班级升序排列，再按成绩降序排列。

③进行条件判断，使用 case when 语句进行两层嵌套。

当 @ class = 班级时，继续使用 case when 语句判断成绩值。当 @score = 成绩时，则排名值不变，为 @rank；否则排名值在上一行的基础上加 1，即 @rank := @rank +1。

当 @ class ≠ 班级时，排名值为 1，即 @rank := 1。

④将当前行的班级值和成绩值分别赋值给 @class、@score（@class := 班级，@score := 成绩），从而更新班级值和成绩值，进行下一行的条件判断。

可以看到，上述查询结果多了两列值（见图 7.8 中红框标记部分），这两列值我们并不需要。因此，我们需要继续在图 7.8 所示查询结果的基础上查询出学号、班级、成绩、排名。

SQL 语句的书写方法如下：

```
set @rank = 0, @class = null, @score = null;
select 学号，班级，成绩，排名
from
(select *,
      (case when @class = 班级 then (case when @score = 成绩 then @rank
                                         else @rank := @rank +1 end)
            else @rank := 1 end) as 排名，
      @class := 班级，
      @score := 成绩
```

```
from 成绩表
order by 班级 asc,成绩 desc
) as a;
```

查询结果如表 7.16 所示。

表 7.16 每个班级的成绩排名

学号	班级	成绩	排名
0002	1	95	1
0008	1	88	2
0001	1	86	3
0004	1	83	4
0003	2	89	1
0005	2	86	2
0006	3	92	1
0007	3	86	2

【本题考点】

本题考查会话变量的灵活使用。会话变量能够从上至下对指定列的每一行进行遍历，因此可以使用会话变量在行与行之间传递数值。

7.3 日期、时间相关函数

有时候，表中的数据是日期格式，那么就需要用到日期、时间等相关的函数来处理数据。

7.3.1 日期和时间函数

表 7.17 所示为常见的日期和时间函数。

表 7.17 常见的日期和时间函数

用途	函数	案例
获取当前日期	current_date	current_date() 结果：2023-01-10（系统当前日期）
获取当前时间	current_time	current_time() 结果：21:15:06（系统当前时间）
获取当前日期和时间	current_timestamp	current_timestamp() 结果：2023/1/10 21:15:06（系统当前日期和时间）

续表

用途	函数	案例
获取日期的：年份 月份 日期 季度	year(日期) month(日期) day(日期) quarter(日期)	year('2023-01-10') 结果：2023
获取日期 对应的星期几	dayname(日期)	dayname('2023-01-10 21:15:06') 结果：星期二

有时要处理的数据日期格式不一致，不方便分析，则需要将现有格式转换成想要的日期格式。这时，就要用到 SQL 中的日期格式转换函数 date_format(date,format)，其中，括号里的“date”表示要设置格式的日期，“format”表示设置成什么格式。format 是一个字符串，常见的设置值和含义如表 7.18 所示。

表 7.18 format 的值和含义

字符串	含义
%M	月名字（January,...,December）
%W	星期名字（Sunday,...,Saturday）
%D	有英语前缀的月份的日期（1st, 2nd,..., 3rd）
%Y	年，数字格式，4 位，例如“2021”
%y	年，数字格式，2 位，例如“21”
%a	缩写的星期名字（Sun,...,Sat）
%d	月份中的天数，数字（00,...,31）
%e	月份中的天数，数字（0,...,31）
%m	月，数字（01,...,12）
%c	月，数字（1,...,12）
%b	缩写的月份名字（Jan,...,Dec）
%j	一年中的天数（001,...,366）
%H	小时（00,...,23）
%h	小时（01,...,12）
%p	AM 或 PM
%w	一个星期中的天数（0=Sunday,...,6=Saturday）

例如，想从表中“日期”列获取星期六的日期，那么用 date_format() 函数可以写成如下形式，其中，fromat 的值 %w 表示用于获取星期几。

```
date_format(日期,'%w')=6
```

表 7.19 所示为常用的日期格式。

表 7.19　常用的日期格式

字符串	日期格式
%Y-%m-%d	2021-03-30
%e/%c/%Y	30/3/2021
%c/%e/%Y	3/30/2021
%d/%m/%Y	30/03/2021
%m/%d/%Y	03/30/2021
%e/%c/%Y% H:%i	30/3/2021 12:12
%c/%e/%Y% H:%i	3/30/2021 12:12
%d/%m/%Y% H:%i	30/03/2021 12:12
%m/%d/%Y% H:%i	03/30/2021 12:12

了解了日期和时间相关的函数，下面我们通过面试题，看一下如何用这些函数解决实际问题。

7.3.2　日期格式转换

面试题 46：城市人口流动

【题目】

表 7.20 所示为每天各个城市之间人口流入、流出的“各城市人口流动表”。请统计 2017 年乘飞机在周末从北京流出的人口数。

表 7.20　各城市人口流动表

流出城市	流入城市	交通工具	日期	数量
长春	合肥	1	2013/5/1	599
北京	天津	2	2013/5/4	527
呼市	北京	1	2014/9/15	801
石家庄	苏州	2	2015/11/21	873
上海	北京	1	2015/3/2	913
广州	深圳	3	2017/5/8	725
北京	武汉	3	2017/5/6	671
北京	深圳	3	2017/6/11	754
长春	大连	1	2018/6/11	398

续表

流出城市	流入城市	交通工具	日期	数量
北京	广州	3	2018/3/2	400
济南	长春	3	2018/5/3	739

* 交通工具（1 表示汽车，2 表示火车，3 表示飞机）

我们通过“各城市人口流动表”中的第 1 行，理解一下表中各字段的含义。例如，某人老家是长春，乘坐汽车，到合肥工作，那么对应这个表中的字段就是，“流入城市”是“合肥”，“流出城市”是“长春”，交通工具是 1（表示汽车）。表中的字段“数量”表示从“流出城市”到“流入城市”的人口数量。

【解题思路】

我们可以将问题拆解为下面两步。

（1）计算“从北京流出的人口数”。

筛选条件：“流出城市”是“北京”，对该城市的流出人口数量进行求和，需要用到汇总函数 sum()。

SQL 语句的书写方法如下：

```
select 流出城市 ,sum( 数量 ) as 流出总人数
from 各城市人口流动表
where 流出城市 =" 北京 ";
```

查询结果如表 7.21 所示。

表 7.21　从北京流出的人口数

流出城市	流出总人数
北京	2352

（2）筛选条件：时间为“2017 年”的“周末”，交通工具是“飞机”。多个条件并列用“and”。SQL 语句的书写方法如下：

```
select 流出城市 ,sum( 数量 ) as 流出总人数
from 各城市人口流动表
where 流出城市 =" 北京 "
and 交通工具 =" 飞机 "
and 年份 ="2017"
and 星期六或者星期日 ;
```

到这里，你已经写出了 SQL 语句的逻辑，想想哪里还需要优化？

注意，“各城市人口流动表”中“日期”列是像 2013/5/1 这样的日期格式，而题目要求的“2017 年”属于年份，如何从日期中提取出年份呢？

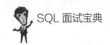

这就要用到年份的提取函数 year():

```
year( 日期 )="2017"
```

题目还要求从日期中提取出星期（星期六或者星期日），星期查询需要用 date_format(date,format) 函数。因为周末是星期六、星期日，用 or 操作符，把星期六、星期日全部选出来，SQL 语句的书写方法如下：

```
(date_format( 日期 ,'%w')=6
or
date_format( 日期 ,'%w')=0)
```

把上述日期的 SQL 语句代入第（1）步的 SQL 语句中，就得到了最终的 SQL 语句：

```
select 流出城市 ,sum( 数量 ) as 流出总人数
from 各城市人口流动表
where 流出城市 =" 北京 "
and 交通工具 =3
and year( 日期 )="2017"
and(date_format( 日期 ,'%w')=6 or date_format( 日期 ,'%w')=0);
```

查询结果如表 7.22 所示。

表 7.22　2017 年乘飞机在周末从北京流出的人口数

流出城市	流出总人数
北京	1425

【本题考点】

SQL 中日期格式转换函数为 date_format(date,format)，其中，括号里的“date”表示要设置格式的日期，“format”表示设置成什么格式（format 的值和含义见表 7.18）。

面试题 47：计算薪资涨幅

【题目】

“雇员表”中记录了雇员的信息，“薪水表”中记录了对应雇员获得的薪水，两表通过“雇员编号”关联，如表 7.23 和表 7.24 所示。

表 7.23　雇员表

雇员编号	出生日期	姓名	性别	雇佣日期
10002	1976-09-09	小明	男	2001-08-02
10005	1973-08-07	小红	女	2001-09-09
10006	1980-08-28	小兰	女	2001-08-02

表 7.24　薪水表

雇员编号	薪水	起始日期	结束日期
10002	72527	2001-08-02	2003-01-01
10002	75432	2003-01-01	2004-01-01
10005	94692	2001-09-09	2003-01-01
10006	43311	2001-08-02	2004-01-01

问题：查找当前所有雇员入职以来的薪水涨幅，给出雇员编号及对应的薪水涨幅，并按照薪水涨幅进行升序排列。

（注：“薪水表”中结束日期为“2004-01-01”的才是当前雇员，否则为已离职雇员。）

【解题思路】

要求出当前所有雇员入职以来的薪水涨幅，薪水涨幅 = 当前薪水 - 入职薪水。所以，需要知道雇员的入职薪水和当前薪水。

当前薪水是“薪水表”中的“结束日期”为“2004-01-01”对应的薪水。

入职薪水是“雇员表”中的“雇佣日期”与“薪水表”中的“起始日期”一致时对应的薪水。

（1）统计当前所有雇员的当前薪水。

当前薪水是“薪水表”中的“结束日期”为“2004-01-01”对应的薪水，如图 7.9 所示。

雇员编号	薪水	起始日期	结束日期
10002	72527	2001-08-02	2003-01-01
10002	75432	2003-01-01	2004-01-01
10005	94692	2001-09-09	2003-01-01
10006	43311	2001-08-02	2004-01-01

图 7.9　薪水表

从表 7.24 所示的“薪水表”中可以看出，雇员编号为 10002 的雇员有两条薪水记录，说明他经历过一次涨薪。雇员编号为 10005 的雇员薪水“结束日期”不是“2004-01-01”，说明该雇员已经离职。雇员编号为 10006 的雇员有一条薪水记录，说明他没有经历过涨薪。统计当前所有雇员的当前薪水的 SQL 语句如下：

```
select 雇员编号 , 薪水 as 当前薪水
from 薪水表
where 结束日期 = '2004-01-01';
```

查询结果如表 7.25 所示。

表 7.25　查询结果

雇员编号	当前薪水
10002	75432
10006	43311

（2）统计入职薪水。

入职薪水是“雇员表”中，“雇佣日期”=“薪水表”中的“起始日期”对应的薪水。这涉及两个表，因此需要用到多表连接。用哪种连接呢?

题目要求的是“查找当前所有雇员”，所以用“雇员表”为左表，保留左表的全部数据，使用左连接。连接条件是“雇佣日期”=“薪水表”中的“起始日期”，SQL 语句的书写方法如下:

```
select *
from 雇员表 as a
left join 薪水表 as b
on a.雇员编号 = b.雇员编号
and a.雇佣日期 = b.起始日期;
```

查询结果如表 7.26 所示。

表 7.26　查询结果

雇员编号	出生日期	姓名	性别	雇佣日期	雇员编号	薪水	起始日期	结束日期
10002	1976-09-09	小明	男	2001-08-02	10002	72527	2001-08-02	2004-01-01
10005	1973-08-07	小红	女	2001-09-09	10005	94692	2001-09-09	2003-01-01
10006	1980-08-28	小兰	女	2001-08-02	10006	43311	2001-08-02	2004-01-01

因为“雇员表”中还包含了离职雇员，而题目要求的是“当前所有雇员”，也就是在职雇员，所以需要用 where 子句筛出在职雇员，即“结束日期”=“2004-01-01”的雇员编号，SQL 语句的书写方法如下:

```
select a.雇员编号,薪水 as 入职薪水
from 雇员表 as a
left join 薪水表 as b
on a.雇员编号 = b.雇员编号
and a.雇佣日期 = b.起始日期
where b.结束日期 = '2004-01-01';
```

查询结果如表 7.27 所示。

表 7.27　查询结果

雇员编号	入职薪水
10002	72527
10006	43311

（3）计算薪水涨幅。

使用 with 语句把第（1）步的查找语句定义为临时表 t1（见表 7.25），把第（2）步的查找语句定义为临时表 t2（见表 7.26）。

两表通过“雇员编号”进行多表连接。因为要保留左表（t1）的全部数据（在职的全部雇员），所以使用左连接。薪水涨幅 = 当前薪水 – 入职薪水。SQL 语句的书写方法如下：

```
select t1.雇员编号,(当前薪水 - 入职薪水) as 薪水涨幅
from t1
left join t2
on t1.雇员编号 = t2.雇员编号;
```

最终的 SQL 语句的书写方法如下：

```
with t1 as
(select 雇员编号,薪水 as 当前薪水
from 薪水表
where 结束日期 = '2004-01-01'),

t2 as
(select a.雇员编号,薪水 as 入职薪水
from 雇员表 as a
left join 薪水表 as b
on a.雇员编号 = b.雇员编号
and a.雇佣日期 = b.起始日期
where b.结束日期 = '2004-01-01')

select t1.雇员编号,(当前薪水 - 入职薪水) as 薪水涨幅
from t1
left join t2
on t1.雇员编号 = t2.雇员编号;
```

查询结果如表 7.28 所示。

表 7.28　查询结果

雇员编号	薪水涨幅
10002	2905
10006	0

面试题 48：出行行业面试题

【题目】

“订单信息表”里记录了巴西乘客使用打车软件的信息，包括订单 ID、乘客 ID、呼叫时间、应答时间、取消时间、完单时间，如表 7.29 和表 7.30 所示。

表 7.29　订单信息表

order_id	passenger_id	call_time	grab_time	cancel_time	finish_time
70361	1	2018/3/9 9:07	2018/3/9 9:09	1971/1/1 0:00	2018/3/9 9:37
70362	1	2018/3/9 22:07	2018/3/9 22:07	2018/3/9 22:08	1971/1/1 0:00
70363	2	2018/3/9 20:10	1971/1/1 0:00	2018/3/9 20:11	1971/1/1 0:00
70364	3	2018/3/10 8:00	1971/1/1 0:00	1971/1/1 0:00	1971/1/1 0:00
70365	4	2018/3/12 9:00	2018/3/12 9:01	1971/1/1 0:00	2018/3/12 9:30

表 7.30　“订单信息表”字段释义

字段	中文名称	解释
order_id	订单 ID	呼叫订单识别号
passenger_id	乘客 ID	乘客识别号
call_time	呼叫时间	乘客从应用上发出需要用车的请求的时间（北京时间）
grab_time	应答时间	司机接单的时间（北京时间）
cancle_time	取消时间	司机或者乘客取消订单的时间（北京时间）
finish_time	完单时间	司机到达目的地的时间（北京时间）

注意：

（1）表中的时间是北京时间，巴西时间比中国时间晚 11 个小时。

（2）“grab_time”（应答时间）列的数据值如果是“1971/1/1 0:00”，则表示该订单没有司机应答，属于无效订单。

问题：

（1）订单的应答率、完单率分别是多少？

（2）呼叫应答时长有多久？

（3）从这一周的数据来看，呼叫量最多的是哪一个小时（当地时间）？呼叫量最少的是哪一个小时（当地时间）？

（4）第二天继续呼叫的乘客占多大比例?

（5）如果要对乘客进行分类，你认为需要参考哪些因素?

指标释义如表 7.31 所示。

表 7.31　指标释义

指标名称	含义	统计口径
应答率	呼叫订单被应答的比例	应答订单数 / 呼叫订单数
完单率	呼叫订单被完成的比例	完成订单数 / 呼叫订单数
呼叫应答时长	被应答订单从呼叫到被应答的平均时长	被应答订单从呼叫到被应答时长总和 / 被应答订单数量

【解题思路】

我们首先需要对数据进行预处理，将北京时间转换为巴西时间，具体需要分两步来实现。

（1）统一日期格式。为了确保表中的时间为标准的日期格式，我们统一对其进行日期格式处理。

在处理日期格式的过程中，会需要修改表中的日期数据，因此考虑用 update 语句，如图 7.10 所示。

update 语句

作用：用来修改表中数据

用法：例如修改表中列名

```
update 表名称 set 列名称 = 新的值;
```

图 7.10　update 语句用法

修改表的具体操作会涉及日期数据类型之间的转换，我们考虑用 cast() 函数，如图 7.11 所示。

cast()函数

作用：用于将某种数据类型的表达式显式转换为另一种数据类型。

用法： `cast(字段名 as 转换的类型);`

图 7.11　cast() 函数用法

由于表中的时间应是 datetime 的格式，也就是精确到时、分、秒（YYYY-MM-DD HH:mm:ss）。转换后的效果如图 7.12 所示。

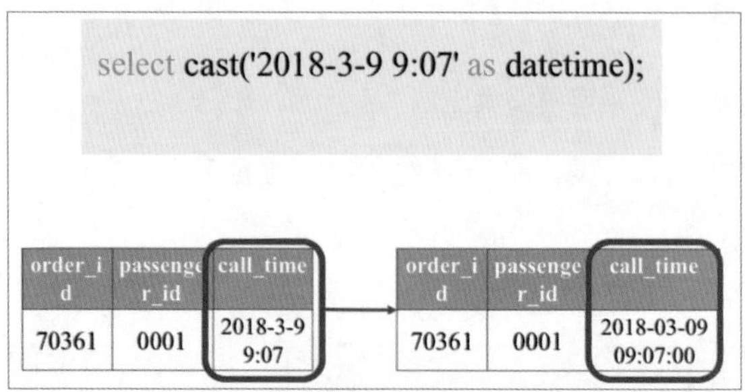

图 7.12　将时间转换成 datetime 格式示例

因此可以写出下列 SQL 语句：

```
update 订单信息表 set call_time = cast(call_time as datetime);
update 订单信息表 set grab_time = cast(grab_time as datetime);
update 订单信息表 set cancel_time = cast(cancel_time as datetime);
update 订单信息表 set finish_time = cast(finish_time as datetime);
```

运行上述 SQL 语句，日期转换后的结果如图 7.13 所示。

order_id	passenger_id	call_time	grab_time	cancel_time	finish_time
70361	0001	2018-03-09 09:07:00	2018-03-09 09:09:00	1971-01-01 00:00:00	2018-03-09 09:37:00
70362	0001	2018-03-09 22:07:00	2018-03-09 22:07:00	2018-03-09 22:08:00	1971-01-01 00:00:00
70363	0002	2018-03-09 20:10:00	1971-01-01 00:00:00	2018-03-09 20:11:00	1971-01-01 00:00:00
70364	0003	2018-03-10 08:00:00	1971-01-01 00:00:00	1971-01-01 00:00:00	1971-01-01 00:00:00
70365	0004	2018-03-12 09:00:00	2018-03-12 09:01:00	1971-01-01 00:00:00	2018-03-12 09:30:00

图 7.13　将各个时间字段转换成 datetime 格式

（2）将处理后的日期转换成巴西时间，如图 7.14 所示。

日期格式处理

①统一日期格式

②转换成巴西时间

图 7.14　日期格式处理

由于数据中的时间为北京时间，而且已知巴西时间比中国时间晚 11 个小时，因此我们这里使用 date_sub() 函数。data_sub() 函数的用法举例如图 7.15 所示。

date_s() 函数

作用：从某日期减去指定的时间间隔后的日期

用法： date_sub(date, interval expr type);

```
select date_sub ('2018-03-09', interval 11
hour) as newdate;
```

图 7.15　date_sub() 函数用法

因此可以写出下列 SQL 语句：

```
update 订单信息表 set call_time= date_sub(call_time, interval 11 hour);
update 订单信息表 set grab_time= date_sub(grab_time, interval 11 hour);
update 订单信息表 set cancel_time= date_sub(cancel_time, interval 11 hour);
update 订单信息表 set finish_time= date_sub(finish_time, interval 11 hour);
```

运行上述 SQL 语句，时间转换结果如图 7.16 所示。

应答率 = 应答订单数 / 呼叫订单数

order_id	passenger_id	call_time	grab_time	cancel_time	finish_time
70361	0001	2018-03-08 22:07:00	2018-03-08 22:09:00	1970-12-31 13:00:00	2018-03-08 22:37:00
70362	0001	2018-03-09 11:07:00	2018-03-09 11:07:00	2018-03-09 11:08:00	1970-12-31 13:00:00
70363	0002	2018-03-09 09:10:00	1970-12-31 13:00:00	2018-03-09 09:11:00	1970-12-31 13:00:00
70364	0003	2018-03-09 21:00:00	1970-12-31 13:00:00	1970-12-31 13:00:00	1970-12-31 13:00:00
70365	0004	2018-03-11 22:00:00	2018-03-11 22:01:00	1970-12-31 13:00:00	2018-03-11 22:30:00

图 7.16　将北京时间转换成巴西时间

至此，数据日期预处理完成。现在来解答各个问题。

（1）订单的应答率、完单率分别是多少？

①应答率。

呼叫订单数：呼叫订单数等于“call_time”（呼叫时间）列包含的数据条数，可以用 count(call_time) 函数汇总。

应答订单数：应答订单数等于“grab_time”（应答时间）列包含的数据条数，可以用 count(grab_time) 函数汇总。需要注意，这一列里的值不等于“1970-12-31 13:00:00”的数据才是有效的应答订单（原“1971-01-01 00:00:00”转换成巴西时间为“1970-12-31 13:00:00”）。

如图 7.17 所示，红框标记的部分为应答订单。

order_id	passenger_id	call_time	grab_time	cancel_time	finish_time
70361	0001	2018-03-08 22:07:00	2018-03-08 22:09:00	1970-12-31 13:00:00	2018-03-08 22:37:00
70362	0001	2018-03-09 11:07:00	2018-03-09 11:07:00	2018-03-09 11:08:00	1970-12-31 13:00:00
70363	0002	2018-03-09 09:10:00	1970-12-31 13:00:00	2018-03-09 09:11:00	1970-12-31 13:00:00
70364	0003	2018-03-09 21:00:00	1970-12-31 13:00:00	1970-12-31 13:00:00	1970-12-31 13:00:00
70365	0004	2018-03-11 22:00:00	2018-03-11 22:01:00	1970-12-31 13:00:00	2018-03-11 22:30:00

图 7.17　筛选出有效的应答订单

根据题目的要求，需要依据不同的条件进行统计，我们可以用 case when 表达式进行条件判断。所以应答订单数对应的 SQL 语句的书写方法如下：

```
# 使用 year() 函数获取年份
sum(case when year(grab_time) <> 1970 then 1 else 0 end);
```

现在可以计算出指标，应答率 = 应答订单数 / 呼叫订单数，SQL 语句的书写方法如下：

```
select sum(
         case when year(grab_time) <> 1970 then 1
         else 0 end
         )/count(call_time) as 应答率
from 订单信息表;
```

查询结果如表 7.32 所示。

表 7.32　订单的应答率

应答率
0.600

②完单率。

完单率 = 完成订单数 / 呼叫订单数

完成订单数："finish_time"（完成时间）列中，值不等于"1970-12-31 13:00:00"的数据条数为有效的完成订单数。

如图 7.18 所示，红框标记的部分为完成订单。

order_id	passenger_id	call_time	grab_time	cancel_time	finish_time
70361	0001	2018-03-08 22:07:00	2018-03-08 22:09:00	1970-12-31 13:00:00	2018-03-08 22:37:00
70362	0001	2018-03-09 11:07:00	2018-03-09 11:07:00	2018-03-09 11:08:00	1970-12-31 13:00:00
70363	0002	2018-03-09 09:10:00	1970-12-31 13:00:00	2018-03-09 09:11:00	1970-12-31 13:00:00
70364	0003	2018-03-09 21:00:00	1970-12-31 13:00:00	1970-12-31 13:00:00	1970-12-31 13:00:00
70365	0004	2018-03-11 22:00:00	2018-03-11 22:01:00	1970-12-31 13:00:00	2018-03-11 22:30:00

图 7.18　筛选出有效的完成订单

所以完成订单数为：

```
sum(case when year(finish_time) <> 1970 then 1 else 0 end);
```

现在可以计算出指标，完单率 = 完成订单数 / 呼叫订单数，SQL 语句的书写方法如下：

```
select sum(
          case when year(finish_time) <> 1970 then 1
          else 0 end
          )/count(*) as 完单率
from 订单信息表；
```

查询结果如表 7.33 所示。

表 7.33　订单的完单率

完单率
0.400

（2）呼叫应答时长有多久？

根据题目中的指标定义：

呼叫应答时长 = 被应答订单从呼叫到被应答时长总和 / 被应答订单数量

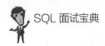

被应答订单从呼叫到被应答时长 = 应答时间（grab_time）－呼叫时间（call_time）

这涉及计算两个时间之间的差值，我们可以使用 timestampdiff() 函数，如图 7.19 所示。

timestampdiff () 函数

作用：计算两个时间之间的差值。

用法：timestampdiff(unit,begin,end)

返回值单位　开始时间　结束时间

常用且有效的返回值单位有
second, minute, hour, day, week, month, year等

图 7.19　timestampdiff() 函数用法

我们回到题目，利用 timestampdiff() 函数计算从呼叫到被应答时长的总和，如图 7.20 所示。

综上所述，查询呼叫应答时长 SQL 语句的书写方法如下：

```
select sum(
         timestampdiff(minute,call_time,grab_time)
         )/count(grab_time) as 呼叫应答时长
from 订单信息表
where year(grab_time) <> 1970;
```

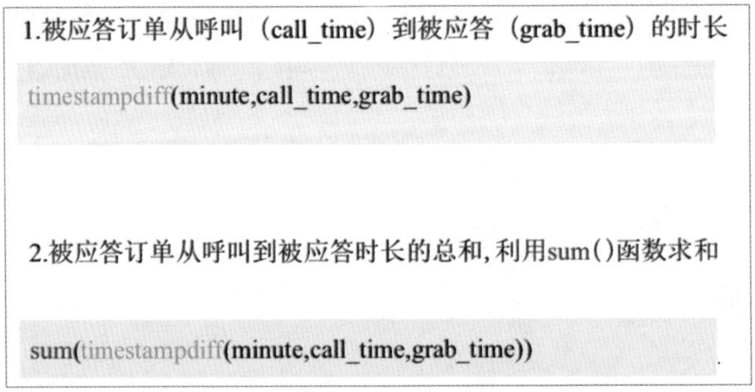

1.被应答订单从呼叫（call_time）到被应答（grab_time）的时长

timestampdiff(minute,call_time,grab_time)

2.被应答订单从呼叫到被应答时长的总和，利用sum()函数求和

sum(timestampdiff(minute,call_time,grab_time))

图 7.20　计算从呼叫到被应答时长的总和

查询结果如表 7.34 所示。

表 7.34　呼叫应答时长

呼叫应答时长
1.000

（3）从这一周的数据来看，呼叫量最多的是哪一个小时（当地时间）？呼叫量最少的是哪一个小时（当地时间）？

①时间转换。

由于要求出的是“哪一个小时”，因此我们要将数据格式转换成小时。新增一列来表示时间中的“小时”，列名设为 call_time_hour。

SQL 语句的书写方法如下：

```
# 添加列
alter table 订单信息表 add column call_time_hour varchar(255);
```

date_format() 函数可以以不同的格式显示日期数据，将数据格式转换成小时。

SQL 语句的书写方法如下：

```
# 给列添加数据 %k 表示显示的是 24 小时制中的小时
update 订单信息表 set call_time_hour = date_format(call_time,'%k');
```

转换后的结果如图 7.21 所示。

order_id	passenger_id	call_time	grab_time	cancel_time	finish_time	call_time_hour
70361	0001	2018-03-08 22:07:00	2018-03-08 22:09:00	1970-12-31 13:00:00	2018-03-08 22:37:00	22
70362	0001	2018-03-09 11:07:00	2018-03-09 11:07:00	2018-03-09 11:08:00	1970-12-31 13:00:00	11
70363	0002	2018-03-09 09:10:00	1970-12-31 13:00:00	2018-03-09 09:11:00	1970-12-31 13:00:00	9
70364	0003	2018-03-09 21:00:00	1970-12-31 13:00:00	1970-12-31 13:00:00	1970-12-31 13:00:00	21
70365	0004	2018-03-11 22:00:00	2018-03-11 22:01:00	1970-12-31 13:00:00	2018-03-11 22:30:00	22

图 7.21 将 datetime 格式化转换成小时

②呼叫量最多的是哪一个小时？

order_id 列记录了订单识别号，按小时分组（group by call_time_hour），然后统计每一个小时的呼叫订单量（count(order_id)），再排序，就可以知道哪一个小时的呼叫量最多。

SQL 语句的书写方法如下：

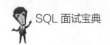

```
select call_time_hour,
       count(order_id) as 最多次数
from 订单信息表
group by call_time_hour #按每个小时分组
order by 最多次数 desc; #按订单量降序排列
```

查询结果如表 7.35 所示。

表 7.35　每个小时的最多呼叫次数

call_time_hour	最多次数
22	2
11	1
9	1
21	1

因为要求的是排序后的最大值（呼叫量最多的小时），可以用 limit 子句筛选出第一行数据，如图 7.22 所示。

SQL 语句的书写方法如下：

```
select call_time_hour,count(order_id) as 最多次数
from 订单信息表
```

```
group by call_time_hour
order by 最多次数 desc
limit 1;
```

③呼叫量最少的是哪一个小时？

继续观察上面的排序结果，我们看到有 3 个小时的呼叫数据都为最少次数，先对次数进行升序排序，再用 limit 3 都将它们筛选出来即可，如图 7.23 所示。

call_time_hour	最多次数
22	2
11	1
9	1
21	1

limit 1

图 7.22　筛选呼叫量最多的小时

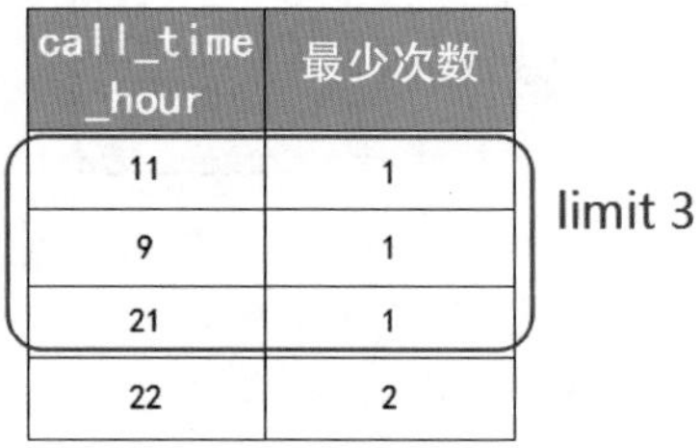

call_time_hour	最少次数
11	1
9	1
21	1
22	2

limit 3

图 7.23　筛选呼叫量最少的小时

SQL 语句的书写方法如下：

```
select call_time_hour,count(order_id) as 最少次数
from 订单信息表
group by call_time_hour
order by 最少次数 asc
limit 3;
```

（4）第二天继续呼叫的乘客占多大比例?

第二天继续呼叫的比例 = 第二天继续呼叫的乘客数 / 总的呼叫订单数

计算第二天继续呼叫的乘客数的思路如图 7.24 所示。

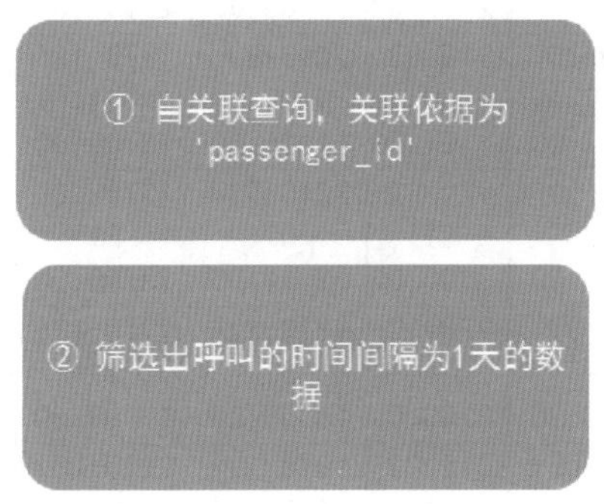

图 7.24 计算第二天继续呼叫的乘客数的思路

我们具体来看每一部分。

自关联查询，求得呼叫的时间间隔。由于我们需要的时间单位为天，因此使用 date_format() 函数来提取出日期中的“年月日”部分，如图 7.25 所示。

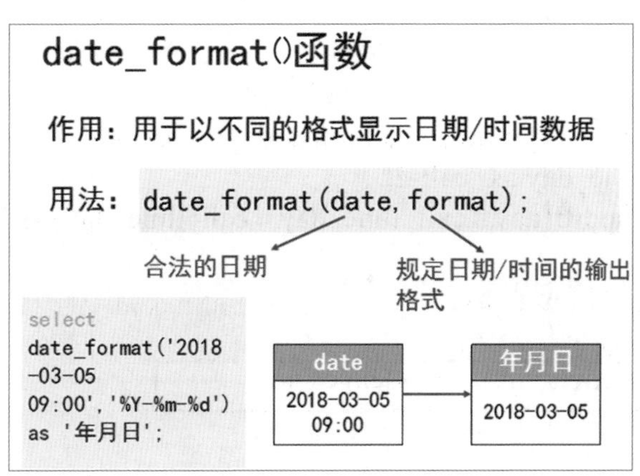

图 7.25 date_format() 函数用法

SQL 语句的书写方法如下:

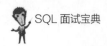

```
# 添加一列来显示日期中的 " 年月日 " 部分
alter table 订单信息表 add column call_time_day varchar(255);
update 订单信息表 set call_time_day = date_format(call_time,'%Y-%m-%d');
```

处理后的结果如图 7.26 所示。

order_id	passenger_id	call_time	grab_time	cancel_time	finish_time	call_time_hour	call_time_day
70361	0001	2018-03-08 22:07:00	2018-03-08 22:09:00	1970-12-31 13:00:00	2018-03-08 22:37:00	22	2018-03-08
70362	0001	2018-03-09 11:07:00	2018-03-09 11:07:00	2018-03-09 11:08:00	1970-12-31 13:00:00	11	2018-03-09
70363	0002	2018-03-09 09:10:00	1970-12-31 13:00:00	2018-03-09 09:11:00	1970-12-31 13:00:00	9	2018-03-09
70364	0003	2018-03-09 21:00:00	1970-12-31 13:00:00	1970-12-31 13:00:00	1970-12-31 13:00:00	21	2018-03-09
70365	0004	2018-03-11 22:00:00	2018-03-11 22:01:00	1970-12-31 13:00:00	2018-03-11 22:30:00	22	2018-03-11

图 7.26　提取出日期中的“年月日”部分

我们接下来利用表的连接来计算相隔天数。这里由于涉及计算相隔的天数之差，所以使用上面讲过的 timestampdiff() 函数，单位为天，如图 7.27 所示。

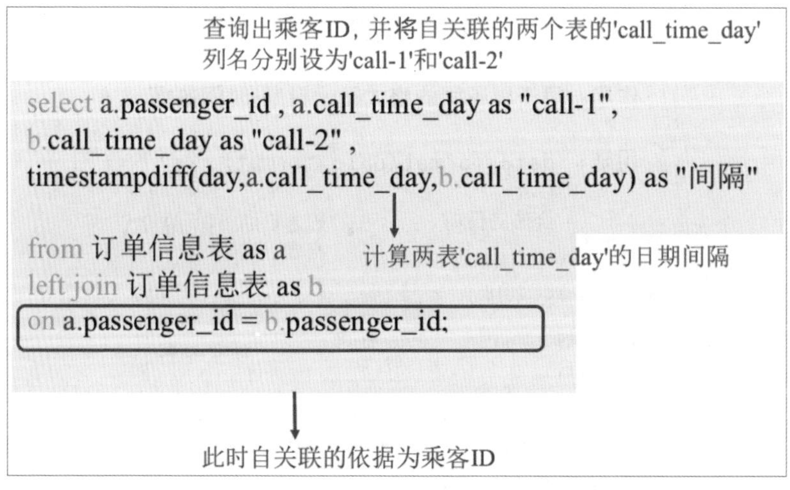

图 7.27　计算乘客呼叫间隔天数的 SQL 语句

此时查询结果如图 7.28 所示。

passenger_id	call-1	call-2	间隔
0001	2018-03-08	2018-03-08	0
0001	2018-03-09	2018-03-08	-1
0001	2018-03-08	2018-03-09	1
0001	2018-03-09	2018-03-09	0
0002	2018-03-09	2018-03-09	0
0003	2018-03-09	2018-03-09	0
0004	2018-03-11	2018-03-11	0

图 7.28　乘客呼叫的间隔天数

筛选出时间差为 1 天的数据，也就是间隔 =1 的数据，如图 7.29 所示。

passenger_id	call-1	call-2	间隔
0001	2018-03-08	2018-03-08	0
0001	2018-03-09	2018-03-08	-1
0001	2018-03-08	2018-03-09	1
0001	2018-03-09	2018-03-09	0
0002	2018-03-09	2018-03-09	0
0003	2018-03-09	2018-03-09	0
0004	2018-03-11	2018-03-11	0

图 7.29　筛选间隔天数为 1 的记录

利用子查询嵌套，将上面的查询结果作为新表，在其中做出筛选并求和。

SQL 语句分析如图 7.30 所示。

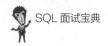

选出间隔=1的数据，并用sum()求和，得到第二天继续呼叫的乘客数

```
select sum(case when 间隔 = 1 then 1 else 0 end)
as "第二天继续呼叫的乘客数"
from

(select a.passenger_id , a.call_time_day as "call-1" ,
b.call_time_day as "call-2" ,
timestampdiff(day,a.call_time_day,b.call_time_day) as "间
隔"
from 订单信息表 as a
left join 订单信息表 as b
on a.passenger_id = b.passenger_id)            子查询

as a;
```

图 7.30　计算第二天继续呼叫的乘客数的 SQL 语句

此时查询结果如表 7.36 所示。

表 7.36　第二天继续呼叫的乘客数

第二天继续呼叫的乘客数
1

最后计算出第二天继续呼叫的比例。

SQL 语句分析如图 7.31 所示。

```
select count (order_id) as  "总的呼叫订单数"
sum(case when 间隔 = 1 then 1 else 0 end) as "第二天继续呼
叫的乘客数"
(sum(case when 间隔 = 1 then 1 else 0 end)/count(order_id))
as  "第二天继续呼叫比例"
from

(select a.order_id, a.passenger_id , a.call_time_day as "call-1" ,
b.call_time_day as "call-2" ,
timestampdiff(day,a.call_time_day,b.call_time_day) as "间隔"
from 订单信息表 as a
left join 订单信息表 as b
on a.passenger_id = b.passenger_id)            子查询

as a;
```

图 7.31　计算第二天继续呼叫的比例的 SQL 语句

查询结果如表 7.37 所示。

表 7.37　第二天继续呼叫的比例

总的呼叫订单数	第二天继续呼叫的乘客数	第二天继续呼叫的比例
5	1	0.2

（5）如果要对乘客进行分类，你认为需要参考哪些因素？

我们可以从以下两个角度来考虑对乘客分类，如图 7.32 所示。

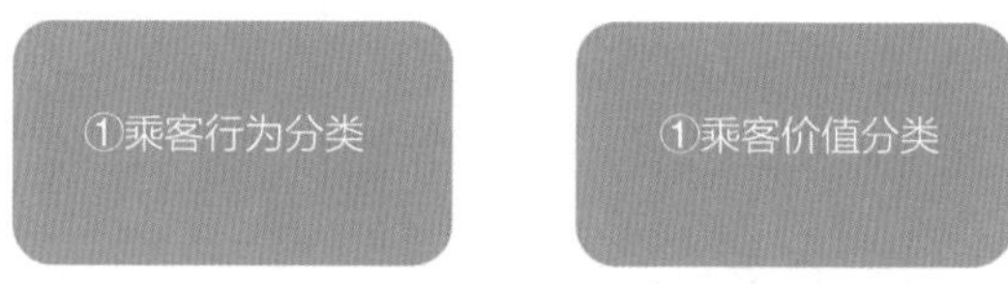

图 7.32　对乘客进行分类的两种角度

①乘客行为分类。

- 根据完单时间和应答时间，可大致计算出乘客在乘车过程中所消耗的时间，对这个时间进行预判，是属于长途、中途或者短途，分析乘客的乘车习惯。
- 根据呼叫时间可以判断乘客是在哪个时间点发单的、乘客需求是如何产生的，可分析乘客在哪些场景有乘车需求，上班、下班、就餐、出游、临时等场景。

②乘客价值分类。

对乘客价值进行分类，可以使用 RFM 分析方法，RFM 分析方法的模型如图 7.33 所示。

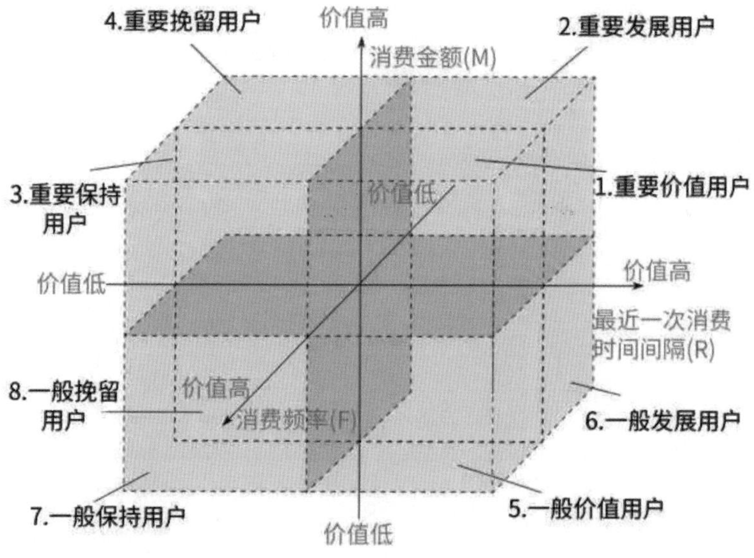

图 7.33　RFM 分析方法

RFM 分析方法具体到本面试题可以做以下定义。

- R：乘客最近一次的完单时间。
- F：乘客打车的频率。
- M：打车消费的金额，此处可以用乘车过程消耗的时长来代替。

【本题考点】

（1）对日期数据的处理，掌握对常用日期的处理方法。

（2）根据业务场景灵活使用内置函数，掌握常用内置函数。

（3）考查分析能力，掌握解决数据分析问题的框架。

7.4 其他函数

函数是一个命令，通常与字段名称或表达式联合使用，处理输入数据并产生结果。SQL 包含多种类型函数，其中汇总函数为 SQL 提供一些合计信息的方法，比如计数、求和、求平均值。除了汇总函数、日期和时间函数，SQL 还有下面介绍的常用函数。

7.4.1 算术函数

算术函数用于对数字类型的数据进行操作，如表 7.38 所示。

表 7.38 常见的算术函数

用途	函数	案例
对数据进行四舍五入	round(数字,保留小数位数)	round(2332.578,1) 结果：2332.6 round(2332.578,-1) 结果：2330
求绝对值	abs(数字)	abs(-100) 结果：100
求余数	mod(被除数,除数)	mod(5,2) 结果：1

7.4.2 字符串函数

字符串函数用于对字符串类型的数据进行操作，如表 7.39 所示。

表 7.39 常见的字符串函数

用途	函数	案例
获取字符串长度	length(字符串)	length('abgfd') 结果：5
大写转换为小写	lower(字符串)	lower('G') 结果：g
小写转换为大写	upper(字符串)	upper('g') 结果：G
字符串拼接	concat(字符串)	concat(' 这个电脑 ',' 好贵 ') 结果：这个电脑好贵
字符串替换	replace(字符串 , 被替换的字符串 , 用什么字符串替换)	replace(' 这个电脑真贵 ',' 真贵 ',' 真便宜 ') 结果：这个电脑真便宜
字符串截取	substring(字符串 , 截取的起始位置 , 截取长度)，使用时也可以写作 substr	substring('sfsdg',2,3) 结果：fsd

7.4.3 转换函数

转换函数用于转换数据类型，如表 7.40 所示。

表 7.40 常见的转换函数

用途	函数	案例
数据类型转换 参数是一个表达式，表达式通过 as 关键字分割为两个参数，分别是原始数据和目标数据类型	cast()	将 varchar 值‘Wang’转换成数据类型 int 时失败 （1）错误语法：select'Wang'+1 （2）正确语法：select'Wang'+cast(1 as varchar) 结果：Wang1

面试题 49：找到特殊的电话号码

【题目】

表 7.41 所示的“电话费用表”包含 3 列：“电话号码”（8 位数）、“月份”、“月消费”。

表 7.41　电话费用表

电话号码	月份	月消费
64262631	201711	30.6
64262645	201711	40.8
…	…	…
64262715	201710	0

其中，月消费为 0 表明该月没有产生费用。第一行数据的含义：“电话号码”（64262631）在“月份”（2017 年 11 月）产生的“月消费”（30.6 元的话费）。

问题一：查找 2017 年（截至 2017 年 10 月 31 日）所有 4 位尾数符合 AABB、ABAB 或者 AAAA 的电话号码（A、B 分别代表 1~9 中任意的一个数字）。

问题二：删除“电话费用表”中 10 月份出现的重复数据。

【解题思路】

问题一：查找 2017 年（截至 2017 年 10 月 31 日）所有 4 位尾数符合 AABB、ABAB 或者 AAAA 的电话号码（A、B 分别代表 1~9 中任意的一个数字）。

用逻辑树分析方法，把问题拆解为下面的子问题，也就是我们要找到符合以下条件的电话号码。

- 条件一：“电话费用表”中月份为 201701 至 201710 对应的电话号码。
- 条件二：电话号码 4 位尾数全部是 1~9 中任意的一个数字。
- 条件三：电话号码 4 位尾数符合 AABB、ABAB 或者 AAAA 三种格式。

先获取符合条件一的电话号码，同时分别截取电话号码的 4 位尾数，用于下一步判断。这里会用到字符串截取函数——substr()，用法如图 7.34 所示。

图 7.34　字符串截取函数的用法

SQL 语句的书写方法如下：

```
select 电话号码 ,
       substr( 电话号码 , 5, 1) as 第 5 位数 ,
       substr( 电话号码 , 6, 1) as 第 6 位数 ,
       substr( 电话号码 , 7, 1) as 第 7 位数 ,
       substr( 电话号码 , 8, 1) as 第 8 位数
from 电话费用表
where 月份 >= 201701 and 月份 <= 201710;
```

查询结果如表 7.42 所示。

表 7.42　查询电话号码的 4 位尾数

电话号码	第 5 位数	第 6 位数	第 7 位数	第 8 位数
64262277	2	2	7	7
64262687	2	6	8	7
…	…	…	…	…
64262715	2	7	1	5

将表 7.42 所示的查询结果作为子查询，进行条件二（电话号码 4 位尾数全部是 1~9 中任意的一个数字）的筛选。

SQL 语句的书写方法如下：

```
select distinct 电话号码
from
(
select 电话号码 ,
       substr( 电话号码 , 5, 1) as 第 5 位数 ,
       substr( 电话号码 , 6, 1) as 第 6 位数 ,
       substr( 电话号码 , 7, 1) as 第 7 位数 ,
       substr( 电话号码 , 8, 1) as 第 8 位数
from 电话费用表
where 月份 >= 201701 and 月份 <= 201710
) as t1
where ( 第 5 位数 >= 1 and 第 5 位数 <= 9)
and ( 第 6 位数 >= 1 and 第 6 位数 <= 9)
and ( 第 7 位数 >= 1 and 第 7 位数 <= 9)
and ( 第 8 位数 >= 1 and 第 8 位数 <= 9);
```

条件三的判断（电话号码 4 位尾数符合 AABB、ABAB 或者 AAAA 三种格式），也就是 AABB 格式是第 5 位数 = 第 6 位数 and 第 7 位数 = 第 8 位数，ABAB 格式是第 5 位数 = 第 7 位数 and 第 6 位数 = 第 8 位数，AAAA 格式是第 5、6、7、8 位数一样，这种情况包括在前面两种格式中。

条件三的 SQL 语句的书写方法如下：

```
(第5位数 = 第6位数 and 第7位数 = 第8位数) or
(第5位数 = 第7位数 and 第6位数 = 第8位数)
```

最终 SQL 语句的书写方法如下：

```
select distinct 电话号码
from
(
select 电话号码,
       substr(电话号码, 5, 1) as 第5位数,
       substr(电话号码, 6, 1) as 第6位数,
       substr(电话号码, 7, 1) as 第7位数,
       substr(电话号码, 8, 1) as 第8位数
from 电话费用表
where 月份 >= 201701 and 月份 <= 201710
) as t1
where (第5位数 >= 1 and 第5位数 <= 9)
and (第6位数 >= 1 and 第6位数 <= 9)
and (第7位数 >= 1 and 第7位数 <= 9)
and (第8位数 >= 1 and 第8位数 <= 9)
and (
     (第5位数 = 第6位数 and 第7位数 = 第8位数) or
     (第5位数 = 第7位数 and 第6位数 = 第8位数)
    );
```

查询结果如表 7.43 所示。

表 7.43　查询 4 位尾数符合 AABB、ABAB 或者 AAAA 格式的电话号码

电话号码
64262222
64262277
64262727

问题二：删除“电话费用表”中 10 月份出现的重复数据。

（1）查询出“电话费用表”中 10 月份出现的重复数据。

SQL 语句的书写方法如下：

```
select *
from
(
 select *,count(*) as countNumber
 from 电话费用表
 where 月份 = 201710
 group by  电话号码 , 月份 , 月消费
) as t
where countNumber > 1;
```

（2）删除重复数据，这里我们使用 delete 关键字进行删除。

SQL 语句的书写方法如下：

```
delete
from 电话费用表
where 电话号码 in (
select 电话号码
from
(
 select *,count(*) as countNumber
 from 电话费用表
 where 月份 = 201710
 group by  电话号码 , 月份 , 月消费
) as t
where countNumber > 1
);
```

【本题考点】

（1）考查对子查询的掌握程度。

（2）考查对分组汇总的掌握程度。

（3）考查删表、建表，以及从表中删除数据等技能的掌握程度。

08 第 8 章 项目实战

本章讨论的项目实战，从不同行业（电商、金融、零售等）、不同岗位（运营、销售、产品等），来体现真实工作场景中如何用 SQL 解决实际业务问题。本章项目均来自真实业务场景，实战过程中用到了多种数据分析方法。如果你还没有系统地学习过数据分析方法，可以先阅读猴子 · 数据分析学院所著的《数据分析思维：分析方法和业务知识》一书。

8.1 经营分析

【项目背景】

本次项目收集了 2020 年 7 月 1 日至 12 月 31 日某平台不同店铺中螺蛳粉的销售信息。平台想通过了解 2020 年下半年螺蛳粉的销售数据，以便对 2021 年这一品类的广告投放提供策略依据。从购买人数、店铺及商品维度进行分析，了解整体销售数据、价格区间、地域偏好，对下一步的商业策略进行指导。

【数据集介绍】

表 8.1 所示为示例数据集，销售数据为虚拟，相关字段描述如下。

- 商品名称：螺蛳粉在不同店铺的售卖名称。
- 店铺名称：商品所在店铺的名称。
- 价格：不同店铺、不同商品售卖的价格。
- 购买人数：购买商品的人数。
- 买家地址：买家所在地域。

表 8.1　螺蛳粉店铺数据

商品名称	店铺名称	价格（元）	购买人数（人）	买家地址
商用意大利面通心粉螺旋面粉 30 斤意面螺蛳粉	尚膳食品专营店	100	27	山东 济南
预售 李子柒柳州螺蛳粉广西特产正宗螺蛳粉方便面米线螺蛳粉 3 袋	李子柒旗舰店	39.7	650003	浙江 嘉兴
嘻螺会柳州正宗螺蛳粉 300g×5 包广西特产螺蛳粉酸辣螺蛳粉速食米线	嘻螺会食品旗舰店	49.9	95002	广西 柳州
螺霸王螺蛳粉 280g×10 包装礼盒正宗广西柳州螺蛳粉特产螺蛳粉整箱	丝皇食品专营店	115	2059	广西 柳州
预售李子柒柳州螺蛳粉广西特产正宗螺蛳粉方便面速食米线 11 袋礼盒	李子柒旗舰店	139	5500	浙江 嘉兴
【礼盒款】好欢螺螺蛳粉柳州螺蛳粉速食方便面米线 300g×10 袋酸辣粉	好欢螺旗舰店	129	250000	广西 柳州

续表

商品名称	店铺名称	价格（元）	购买人数（人）	买家地址
【礼盒装】好欢螺螺蛳粉柳州速食螺蛳粉酸辣粉方便面米线 400g ×10 袋	好欢螺旗舰店	149	10023	广西 柳州
螺霸王螺蛳粉 280g×6 包礼盒装整箱 正宗广西柳州螺蛳粉酸辣螺蛳粉	丝皇食品专营店	69.9	2613	广西 柳州
柳江人家柳州螺蛳粉 350g×10 袋礼盒装广西柳州特产特色螺蛳粉	天猫超市	129	1413	上海
柳江人家螺蛳粉 350g×5 袋螺蛳粉广西柳州正宗特产速食酸辣螺蛳粉	天猫超市	64.5	608	上海

【分析思路】

8.1.1　明确分析的角度

在得到数据集并理解各字段的含义之后，根据项目需求，需要获得平台本次销售的基本信息，包含商品种类数、店铺数、总销售额和总购买人数等。

从数据分析中得出最受欢迎的商品种类和买家地域偏好，以及价格区间对销售数量的影响。

使用多维度拆解分析方法，从店铺、商品、购买人数这 3 个维度对问题进行拆解，得出以下需要分析的角度，明确分析问题，具体分析思路如图 8.1 所示。

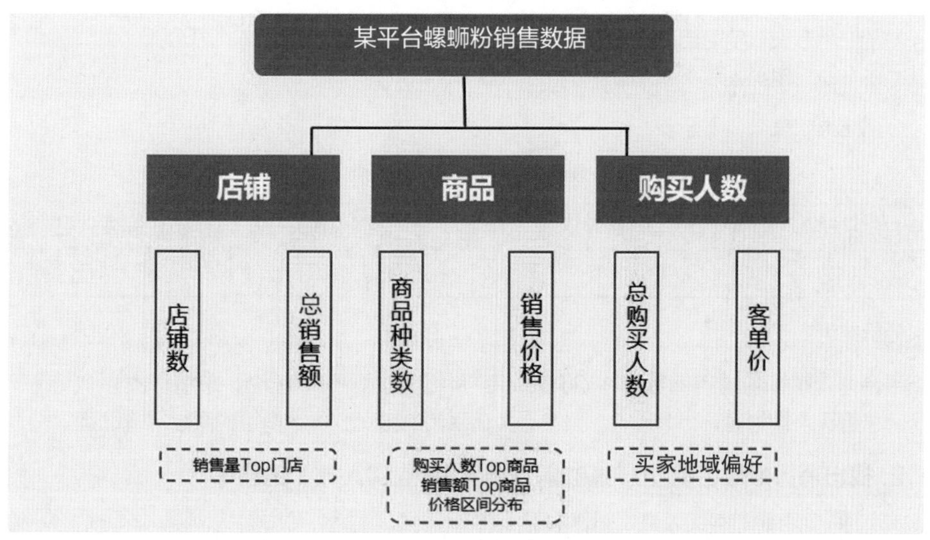

图 8.1　分析思路

分析问题如下。

（1）分析平台售卖螺蛳粉的店铺数、总销售额、商品种类数、总购买人数等。

（2）找出销售额排名前 10 的店铺，并明确其购买人数、销售额。

（3）找出购买人数排名前 10 的商品，并明确其购买人数。

（4）明确螺蛳粉商品的价格区间是怎么分布的，以及每个区间的占比（按照 0 ~ 50 元，51 ~ 100 元，101 ~ 150 元，150 元以上区间进行分析）。

（5）找出螺蛳粉购买人数最多的前 10 个地域。

8.1.2 角度分析

1. 分析平台售卖螺蛳粉的店铺数、总销售额、商品种类数、总购买人数等

统计数量需要用到汇总函数，统计时需要去掉重复数据，可以使用关键字 distinct。其中，销售额 = 价格 × 销售数量。在本案例中，每人每次只购买一件商品，所以此处销售数量即用“购买人数”字段来计算。

SQL 语句的书写方法如下：

```
select
  count(distinct 店铺名称 ) as " 店铺数 ",
  count(distinct 商品名称 ) as " 商品种类数 ",
   concat(round(sum(( 价格 )*( 购买人数 ))/10000 ,2)," 万元 ") as " 总销售额 ",
  concat(round(sum( 购买人数 )/10000 ,2)," 万人 ")  as " 总购买人数 "
from 螺蛳粉店铺数据 ;
```

为了显示方便，总销售额和总购买人数分别以“万元”和“万人”（10000）为计量单位，所以上述 SQL 语句需要用到连接字符串的函数 concat()。

查询结果如表 8.2 所示。

表 8.2　数据集整体情况

店铺数	商品种类数	总销售额	总购买人数
1426	4157	28959.49 万元	686.51 万人

分析结论：

平台售卖螺蛳粉的店铺数有 1426 家，商品种类数达到 4157 个，总销售额为 28959.49 万元，总购买人数为 686.51 万人。整个品类在平台的售卖竞争者多且购买者需求旺盛。

2. 找出销售额排名前 10 的店铺，并明确其购买人数、销售额

（1）每个店铺的购买人数、销售额。

按店铺名称分组（group by 店铺名称），按销售额汇总，得到每个店铺的销售额。

SQL 语句的书写方法如下：

```
select
    店铺名称,
    sum(购买人数) as "购买人数",
    concat(round(sum((价格)*(购买人数))/10000 ,2),"万元") as "销售额"
from 螺蛳粉店铺数据
group by 店铺名称;
```

（2）找出销售额排名前 10 的店铺。

按销售额从高到低排序（order by sum((价格)*(购买人数)) desc），排在前 10 名的店铺就是用 limit 10 返回的前 10 行数据。

SQL 语句的书写方法如下：

```
select
    店铺名称,
    sum(购买人数) as "购买人数",
    concat(round(sum((价格)*(购买人数))/10000,2),"万元") as "销售额"
from 螺蛳粉店铺数据
group by 店铺名称
order by sum((价格)*(购买人数)) desc
limit 10;
```

查询结果如表 8.3 所示。

表 8.3　销售额排名前 10 的店铺

店铺名称	购买人数	销售额
好欢螺旗舰店	800265	5878.68 万元
李子柒旗舰店	662503	2686.26 万元
嘻螺会鼎蓉鲜专卖店	216445	748.62 万元
螺状元旗舰店	117683	712.28 万元
丝皇食品专营店	127102	579.66 万元
广西浩丰食品专营店	96250	481.40 万元
嘻螺会食品旗舰店	95002	475.01 万元
柳柳食品旗舰店	116433	468.44 万元
寄杨轩旗舰店	113707	463.36 万元
只投螺碗旗舰店	110771	454.63 万元

分析结论：销售额 Top 1 的店铺为“好欢螺旗舰店”，销售额为 5878.68 万元，Top 2 店铺“李子柒旗舰店”的销售额为 2686.26 万元，Top 3 店铺“嘻螺会鼎蓉鲜专卖店”的销售额为 748.62 万元。

可以看出，第 1 名的销售额约为第 2 名的 2.1 倍，约为第 3 名的 7.8 倍，从第 4 名开始销售额差距缩小。

3. 找出购买人数排名前 10 的商品，并明确其购买人数

（1）每个商品的购买人数。

按商品名称分组（group by 商品名称），对购买人数汇总（sum() 函数）。

（2）购买人数排名前 10 的商品。

按销售额从高到低排序（order by sum(购买人数) desc），排在前 10 名的店铺就是用 limit 10 返回的前 10 行数据。

SQL 语句的书写方法如下：

```
select 商品名称 ,sum( 购买人数 ) as " 购买人数 "
from 螺蛳粉店铺数据
group by 商品名称
order by sum( 购买人数 ) desc
limit 10;
```

查询结果如表 8.4 所示。

表 8.4　购买人数排名前 10 的商品

商品名称	购买人数
预售 李子柒柳州螺蛳粉广西特产正宗螺蛳粉方便面米线螺蛳粉 3 袋	650003
好欢螺螺蛳粉柳州特产螺蛳粉酸辣粉 300g×3 袋速食螺蛳粉方便面米线	301474
【礼盒款】好欢螺螺蛳粉柳州螺蛳粉速食方便面米线 300g×10 袋酸辣粉	250000
嘻螺会广西柳州特产螺蛳粉酸辣粉正宗速食方便面米线螺蛳粉 300×5	200000
只投螺碗螺蛳粉柳州正宗包邮螺蛳粉 320g×5 袋螺蛳粉酸辣粉方便面条	100672
正常发货肖叔叔螺蛳粉柳州正宗螺蛳粉广西特产螺蛳粉 330g×3 袋速食	100009
柳州正宗螺蛳粉包邮广西特产螺蛳粉柳柳螺蛳粉 6 袋速食米线酸辣粉	100000
【当天发货】佳味螺螺蛳粉柳州螺蛳粉广西 350g×3 包正宗包邮螺蛳粉	100000
[加臭加辣] 好欢螺螺蛳粉 400g×3 袋柳州螺蛳粉酸辣粉速食米粉方便面	100000
【顺丰发货】柳螺宗蛳柳州螺蛳粉广西特产 330g×3 正宗螺蛳粉螺蛳粉	100000

分析结论：按照购买人数前 10 的排名，得出平台中最受欢迎的螺蛳粉商品。

购买人数 Top1 的商品名称为“预售 李子柒柳州螺蛳粉广西特产正宗螺蛳粉方便面米线螺蛳粉 3 袋”，购买人数为 650003 人，约为第 2 名的 2 倍多。从第 2 名开始购买人数差距缩小。

分析可得出消费者在购买中倾向“李子柒”牌螺蛳粉。

可以继续下钻分析，用户倾向于购买“李子柒”品牌，是因为“李子柒”品牌的商品价格比其他商品的低吗?

在前述 SQL 语句中增加查询字段“价格”，以显示商品的价格。SQL 语句的书写方法如下:

```
select 商品名称 ,sum( 购买人数 ) as " 购买人数 ", 价格
from 螺蛳粉店铺数据
group by 商品名称 , 价格
order by sum( 购买人数 ) desc
limit 10;
```

查询结果如表 8.5 所示。

表 8.5　购买人数排名前 10 的商品价格

商品名称	购买人数	价格
预售 李子柒柳州螺蛳粉广西特产正宗螺蛳粉方便面米线螺蛳粉 3 袋	650003	40
好欢螺螺蛳粉柳州特产螺蛳粉酸辣粉 300g×3 袋速食螺蛳粉方便面米线	301446	39
【礼盒款】好欢螺螺蛳粉柳州螺蛳粉速食方便面米线 300g×10 袋酸辣粉	250000	129
嘻螺会广西柳州特产螺蛳粉酸辣粉正宗速食方便面米线螺蛳粉 300×5	200000	35
只投螺碗螺蛳粉柳州正宗包邮螺蛳粉 320g×5 袋螺蛳粉酸辣粉方便面条	100473	40
柳州正宗螺蛳粉包邮广西特产螺蛳粉柳柳螺蛳粉 6 袋速食米线酸辣粉	100000	40
【当天发货】佳味螺螺蛳粉柳州螺蛳粉广西 350g×3 包正宗包邮螺蛳粉	100000	39
[加臭加辣] 好欢螺螺蛳粉 400g×3 袋柳州螺蛳粉酸辣粉速食米粉方便面	100000	45
【顺丰发货】柳螺宗蛳柳州螺蛳粉广西特产 330g×3 正宗螺蛳粉螺蛳粉	100000	30
正常发货肖叔叔螺蛳粉柳州正宗螺蛳粉广西特产螺蛳粉 330g×3 袋速食	100000	35

分析结论：从商品价格来看，螺蛳粉每袋单价在 10 元左右，最受欢迎的前 10 名的商品基本为 3 袋装，价格集中在 35 ~ 45 元。第一名“李子柒”品牌的螺蛳粉价格比“好欢螺”品牌仅高出 1 元钱，在价格上并无太大差异，购买人数却有 2 倍差距，所以用户购买“李子柒”品牌商品并不是因为商品价格，更可能是因为商品有品牌效益。

4. 明确螺蛳粉商品的价格区间是怎么分布的，以及每个区间的占比（按照 0 ~ 50 元，51 ~ 100 元，101 ~ 150 元，150 元以上区间进行分析）

区间分析问题要用到 case 表达式来解决。以价格在 0 ~ 50 元区间为例，用 case 表达式得到价格区间，价格区间范围使用 between。用汇总函数 count() 对该区间计数。SQL 语句的书写方法如下：

```
count(case when 价格 between 0 and 50
           then 1
           else null
       end) as "(0,50) 元 "
```

那么，每个区间的占比如何计算呢？

用上面得到的价格区间的数量除以总的价格计数（count(价格)），就是对应区间的占比。还是以价格在 0 ~ 50 元区间为例，该区间占比如下：

```
（count(case when 价格 between 0 and 50
          then 1
          else null
      end) as "(0,50) 元 " /count( 价格 )
 ) as "(0,50) 占比 "
```

为了让占比以百分比格式显示，可以对求出的占比 ×100，以百分比形式显示。例如 (0,50) 区间的占比是 0.5077，那么百分比显示是 0.5077×100=50.77%

那么，在 SQL 中如何用百分比显示呢？

可以用字符串连接函数 concat()，例如 50.77% 表示为 concat("0.5077",%)。

我们把区间 (0,50) 的占比修改成按百分比显示，SQL 语句的书写方法如下：

```
concat(
(count(case when 价格 between 0 and 50
           then 1
           else null
      end) as "(0,50) 元 " /count( 价格 )
)*100,"%") as "(0,50) 占比 "
```

知道了查询区间 (0,50) 的 SQL 语句，那么其他区间也是一样的写法，完整的 SQL 语句如下：

```
select
count(case when 价格 between 0 and 50 then 1 else null end ) as
"(0,50) 元 ",
count(case when 价格 between 51 and 100 then 1 else null end ) as
"(51,100) 元 ",
```

```
 count(case when 价格 between 101 and 150 then 1 else null end ) as "(101,150) 元 ",
count(case when 价格 > 150 then 1 else null end ) as "(150 以上)",
concat(round(count(case when 价格 between 0 and 50 then 1 else null end )/count( 价格 ))*100,2),"%") as "(0,50) 占比 ",
concat(round(count(case when  价 格 between 51 and 100 then 1 else null end )/count( 价格 ))*100,2),"%") as "(51,100) 占比 ",
concat(round(count(case when  价格 between 101 and 150 then 1 else null end )/count( 价格 ))*100,2),"%") as "(101,150) 占比 ",
concat(round(count(case when  价 格 >= 150 then 1 else null end )/count( 价格 ))*100,2),"%") as "150 以上占比 "
from ' 螺蛳粉店铺数据 ';
```

查询结果如表 8.6 所示。

表 8.6　价格区间购买人数分布

(0,50) 元	(51,100) 元	(101,150) 元	(150 以上)	(0,50) 占比	(51,100) 占比	(101,150) 占比	(150 以上) 占比
2236	1354	726	116	50.77%	30.74%	16.49%	2.63%

分析结论：将价格分为 4 个区间，得出每个区间的商品种类数及占比。（0,50）价格区间的商品种类有 2236 个，占总商品种类数的 50.77%；（51,100）价格区间的商品种类有 1354 个，占总商品种类数的 30.74%。可以得出定价低于 100 元的商品种类数已经约占总商品种类数的 81.5%。

5. 找出螺蛳粉购买人数最多的前 10 个地域

（1）每个地域的总购买人数。

按买家地址（地域）分组（group by 买家地址），汇总得到每个地域的总购买人数（sum（购买人数））。

（2）根据购买人数从高到低排序（order by sum(购买人数) desc），然后用 limit 10 得出购买人数最多的前 10 个地域。

SQL 语句的书写方法如下：

```
select sum( 购买人数 ) as " 总购买人数 ", 买家地址 as " 所在地域 "
from 螺蛳粉店铺数据
group by 买家地址
order by sum( 购买人数 ) desc
limit 10;
```

查询结果如表 8.7 所示。

表 8.7　买家地域偏好

总购买人数	所在地域
4462324	广西 柳州
664370	浙江 嘉兴
237323	上海
174158	河南 郑州
157771	广西 南宁
146379	河南 商丘
139780	河南 焦作
125796	河南 洛阳
87422	湖南 长沙
81835	广西 桂林

分析结论：Top 1 的地域为广西柳州，总购买人数为 4462324 人；Top 2 的地域为浙江嘉兴，总购买人数为 664370 人；Top 3 的地域为上海，总购买人数为 237323 人。

8.1.3　提出建议

通过以上分析结果，结合业务场景，可以给出以下几点建议，以便来年投放广告时参考。

（1）对于螺蛳粉这一品类的商品，从店铺数和商品种类数量众多可以看出商家竞争激烈，但从销售额排名前 10 的店铺可以看出，头部店铺的销售额占比高达 45%，销售额聚集在头部店铺。来年可在销售额排名前 10 的店铺加大广告投放，扩大头部店铺品牌的影响力，增加头部店铺销售额占比。

（2）对于螺蛳粉这一品类，从商品价格区间和购买人数可以得出，定价在 0~100 元的商品种类数约占 81.5%。平台商家在设置价格时可将商品价格设置在 100 元以内，以符合消费者购买倾向，避免因价格过高而降低消费者购买欲望。在广告投放中，可增加对 100 元以下的商品的宣传力度，将折扣力度更多放在这个价格区间内的商品。

（3）通过分析购买螺蛳粉的买家地域偏好，得出买家集中在广西、浙江、上海，除了稳定这些地域的市场份额，来年在广告投放方面可以试着扩大受众面，对于广西、浙江、上海之外的市场，投入更多的商品价格优惠、商品宣传曝光增加买家的关注，扩大螺蛳粉这一品类的市场份额。

8.2　销售业绩分析

【项目背景】

对于云服务产品，有些读者可能会觉得陌生，但实际上我们的日常生活已经离不开它们了，我们用微信聊天、在淘宝网购物、用抖音看直播都用到了相关的云产品。主要的云产品有云服务器、云数据库、云存储、域名等，如表 8.8 所示。

表 8.8　云产品信息介绍

产品	场景	用途
云服务器	App、网站、小程序	提供所有场景都需要的基础服务
云数据库	有一定数据量级的 App、网站	提供海量数据写入、读取等功能
云存储	企业网盘、Web 服务	提供数据备份、系统镜像、共享文件等服务
域名	网站	提供域名注册、解析、网站备案

云服务器，顾名思义就是云端的服务器，服务器就像电脑主机，能够同时承受多人访问。网站搭建、App 和小程序开发部署等都需要使用云服务器。

我们在淘宝网购物时，实际上也是访问淘宝网的云服务器，是它提供了稳定的服务。云服务器比实体的服务器更加便宜，能够快速地进行业务部署，然后用户按需付费。

有了云服务器通常还会需要云数据库，用来存储业务数据。以在淘宝网购物为例，用户信息、商品信息、活动信息都需要数据库的支持。同样，云数据库也可以根据需求选择容量、类型付费使用。

云存储主要提供的是存储服务，可以用来存储文件、系统等，常见的企业网盘、协同办公软件都使用了云存储服务。

域名服务提供了域名注册、解析、网站备案等服务，我们日常生活中访问的网站都使用了域名服务。

了解了云产品，我们接着来看一下云服务的业务流程。

云服务公司为用户提供相应的云产品服务，销售人员为用户提供售前的产品介绍和需求梳理、售后的问题跟进，给用户更好的体验，用户通过云产品服务来完成网站、App、小程序的搭建。具体的流程图如图 8.2 所示。

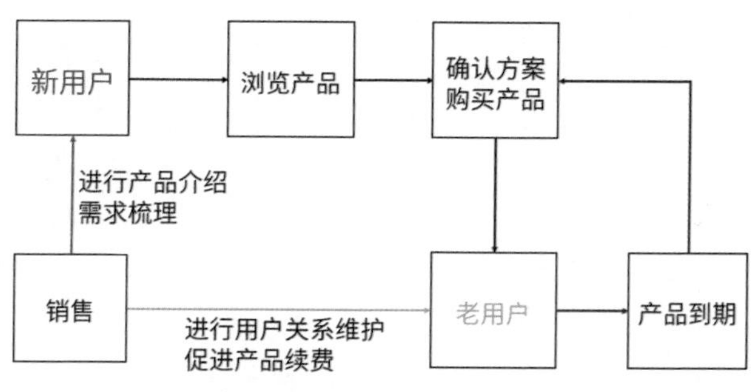

图 8.2　业务流程图

【数据集介绍】

数据集来自某云服务公司，一共有两个表："订单表"和"任务下发表"。

"订单表"中是所有用户付费的订单信息，如表 8.9 所示。

表 8.9　订单表

用户 id	支付时间	实付金额	产品名称	子产品名称	订单号
1532830	2019/1/9 4:53:25	1051	数据库	进阶版	2019010915328308340
1835498	2019/1/24 6:59:47	17	域名	.cn	2019012418354988335
1782365	2019/1/22 4:16:18	11	域名	.com	2019012217823656626
1302794	2019/1/4 17:33:07	118	云存储	标准版	2019010413027942556

"订单表"中一共有 6 个字段。

- 用户 id：用户唯一标识码，每一个 id 对应一个用户。
- 支付时间：用户支付订单的时间，精确到秒。
- 实付金额：用户实际支付的金额，剔除优惠券、满减等折扣。
- 产品名称：用户购买的产品名称，主要有云服务器、数据库、云存储等。
- 子产品名称：对产品名称的进一步细分。
- 订单号：订单编号。

"任务下发表"中是一些商机线索，即可能有续费意愿的用户信息，如表 8.10 所示。

表 8.10　任务下发表

用户 id	任务下发时间	产品名称	任务类型
10848213	2019/1/30 13:00:13	数据库	产品即将到期提醒
13051903	2019/1/21 12:29:38	域名	新用户注册
15379429	2019/1/17 3:26:08	域名	产品即将到期提醒
11542713	2019/1/8 20:43:52	云服务器	产品即将到期提醒

"任务下发表"中一共有 4 个字段。

- 用户 id：用户唯一标识码，每一个 id 对应一个用户。
- 任务下发时间：任务触发的时间，对新用户来说就是注册的时间，对老用户来说就是产品到期前 30 天的时间。
- 产品名称：触发任务对应的产品信息。

- 任务类型：任务分为“产品即将到期提醒”和“新用户注册”两种。

对于公司和销售人员来说，销售业绩是重中之重，也是销售人员考核的 KPI（关键绩效指标）。在 2020 年 5 月的月报中，销售主管发现销售业绩出现下降，现在主管急需你从数据中找出业绩下降的原因，并帮助业务人员进行相应的改进。

【分析思路】

8.2.1 明确问题

为了更全面地了解问题，我们需要看一下过去一段时间业绩同比和环比的情况，根据业绩下降的幅度及过往情况来明确问题，这里就需要用 SQL 查询每个月的业绩。

表 8.9 所示的“订单表”中的支付时间精确到秒，我们需要对比现在（2020 年，该项目当时分析的年份）和去年（2019 年）每个月份的业绩（实付金额）。

首先用 date_format(支付时间 ,'%Y-%m') 获取“支付时间”里的年份和月份。

然后进行分组汇总，按“支付时间”分组，再对实付金额求和，得到业绩。

SQL 语句的书写方法如下：

```
select date_format( 支付时间 ,'%Y-%m') as 月份 ,sum() as 业绩
from 订单表
group by date_format( 支付时间 ,'%Y-%m');
```

查询结果如表 8.11 所示。

表 8.11 各月份业绩情况

月份	业绩
2019-01	2555826
2019-02	2811173
2019-03	3066962
2019-04	2938843
2019-05	3194565

月份	业绩
2020-01	3438466
2020-02	1323466
2020-03	3704554
2020-04	3968845
2020-05	2824837

将上述查询结果导入 Excel 中，对数据进行整理，得到业绩同比情况，如表 8.12 所示。

表 8.12 业绩同比情况

月份	2019 年业绩	2020 年业绩	同比
1 月	2555826	3438466	34.5%
2 月	2811173	1323466	-52.9%
3 月	3066962	3704554	20.8%
4 月	2938843	3968845	35.0%
5 月	3194565	2824837	-11.6%

为了更方便地看清楚数据，我们在 Excel 中对数据进行可视化。在 Excel 中选中表 8.12 所示数据，选择“插入”命令，单击“图表”组右下角的对话框启动器，弹出“插入图表”对话框，在“所有图表”标签下选择“组合”，选择“自定义组合”图标，将用于同比的图表类型选择为“折线图”，勾选后面的复选框，将折线图显示在次坐标轴上，如图 8.3 所示。

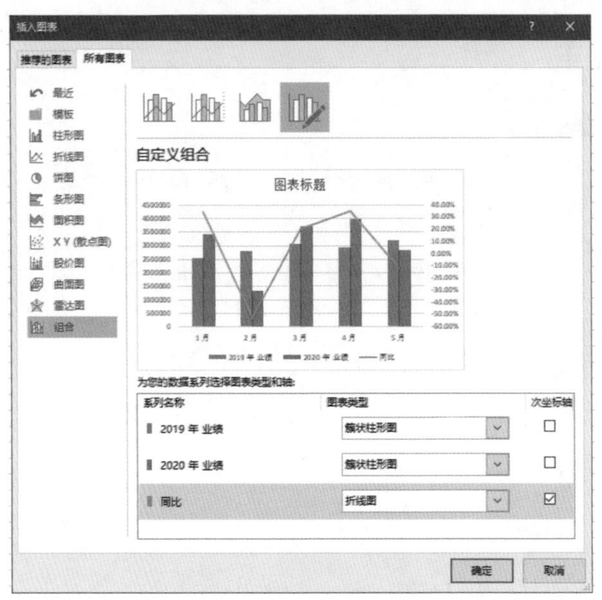

图 8.3　组合图绘制步骤

单击“确定”按钮，修改图表标题和坐标轴标题最终可视化结果如图 8.4 所示。

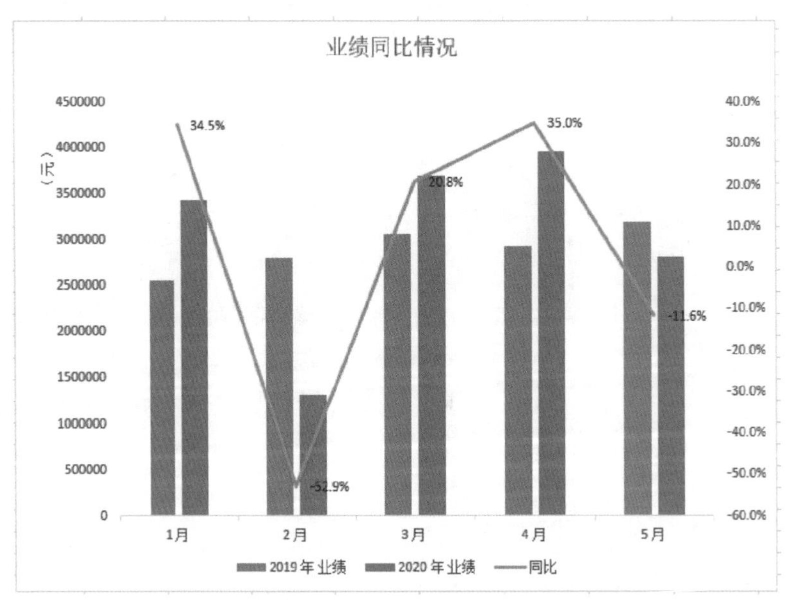

图 8.4　业绩同比组合图

从图 8.4 所示的组合图中可以看出，2020 年 2 月因新型冠状病毒疫情的影响同比下降了 52.9%，在 3 月、4 月出现了强势反弹，同比增长超 20.8%。然而在 5 月业绩却出现了下降，同比减少 11.6%，说明 5 月的销售确实出现了问题。

8.2.2　分析原因

是什么原因造成 2020 年 5 月的销售业绩同比减少了 11.6%？

我们都知道销售额 = 用户数 × 客单价，而销售额减少，可能存在的情况就是客单价降低了或者用户数减少了。而客单价则与产品销售结构有关，用户数又与新用户和老用户的转化率相关。

这里我们可以用多维度拆解分析方法来拆解销售额，进行各个维度的分析。

1. 客单价分析

我们对业绩进行公式拆解：销售额 = 用户数 × 客单价。

首先计算用户数情况。

SQL 语句的书写方法如下：

```
select  date_format(支付时间,'%Y-%m') as 月份,
sum(实付金额) as 销售额,
count(distinct 用户 id) as 用户数
from 订单表
where date_format(支付时间,'%m')='05'
group by date_format(支付时间,'%Y-%m');
```

返回结果如表 8.13 所示。

表 8.13　销售额与用户数

月份	销售额	用户数
2019-05	3194565	3619
2020-05	2824837	3614

然后准备作图，在 Excel 中进行数据源调整，通过销售额得出客单价，同时根据不同年份的数据得到同比情况，如表 8.14 所示。

表 8.14　客单价与客单价同比

月份	用户数	客单价
2019-05	3619	883
2020-05	3614	782
同比	-0.1%	-11.5%

接着开始画图，选中数据，选择“插入→推荐的图表”命令，弹出“插入图表”对话框，在

“所有图表”标签下选择“组合”，如图 8.5 所示。

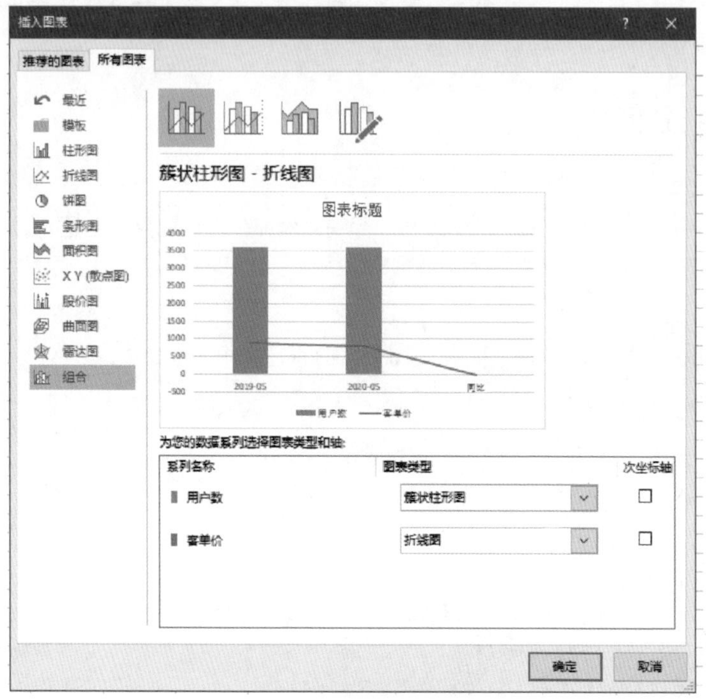

图 8.5　绘制客单价同比情况组合图

这里可以发现，推荐的图表中行和列的对应关系并不是我们想要的，不用着急，可以先单击“确定”按钮，再进行数据的行列转换。鼠标右击图表，在弹出的快捷菜单中选择“选择数据”命令，在弹出的对话框中单击“切换行 / 列”命令，让用户数和客单价作为图例项，时间和同比作为水平轴标签，如图 8.6 所示。

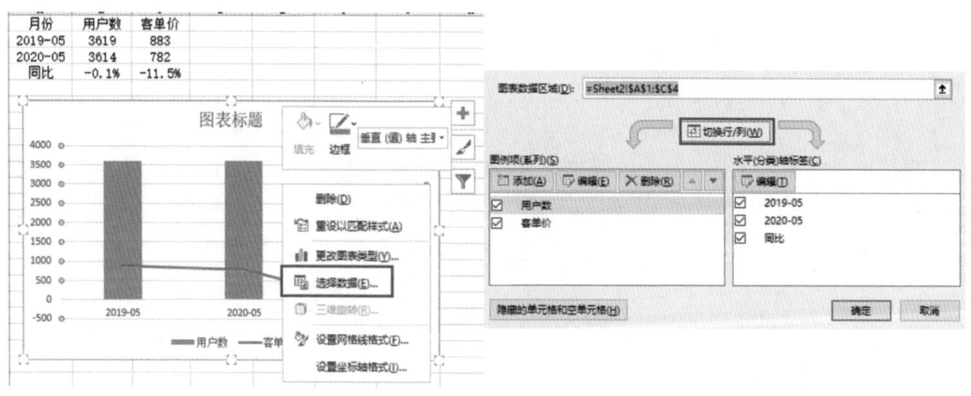

图 8.6　调整行列关系

然后进行组合图的修改，将同比数据通过次坐标轴显示，单击“确定”按钮，如图 8.7 所示。

最后对图表标题等进行修改，最终可视化效果如图 8.8 所示。

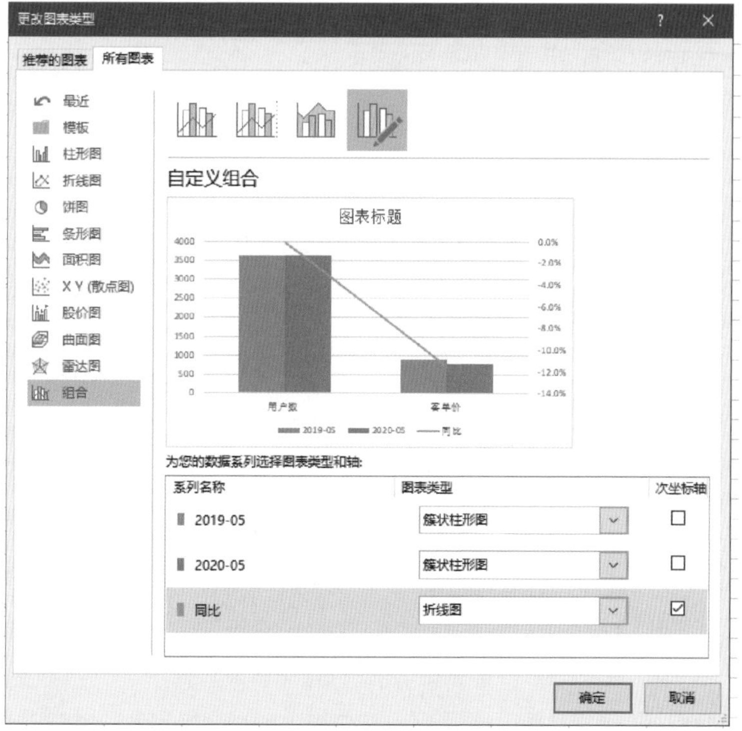

图 8.7　次坐标轴显示

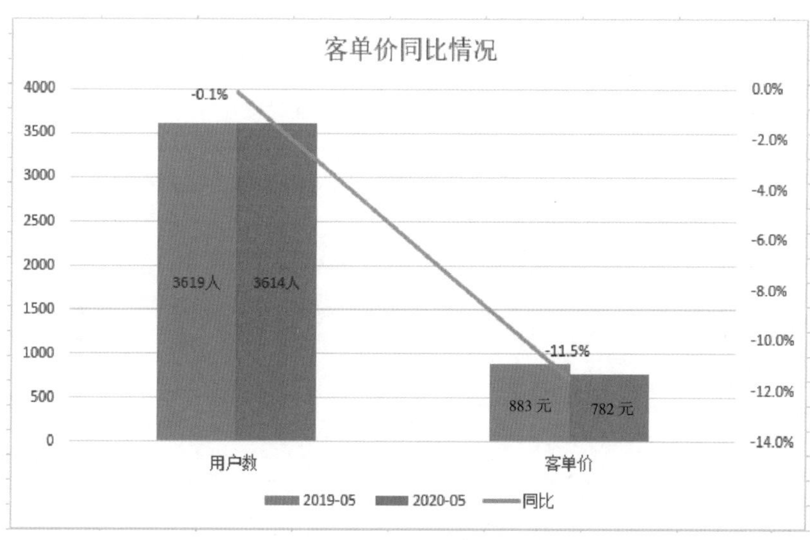

图 8.8　客单价同比情况

从同比情况来看，用户数与去年同期持平，客单价则下降了 11.5%。原来问题出在了客单价上面，就这样我们将问题明确了。接下来，要做的工作是从问题出发，分析出客单价下降的原因。

2. 产品分析

我们先对产品线进行拆分，看看客单价的变化。

SQL 语句的书写方法如下：

```
select a.月份,
a.产品名称,
a.销售额/a.用户数 as 客单价
from (
select date_format(支付时间,'%Y-%m') as 月份,
产品名称,
sum(实付金额) as 销售额,
count(distinct 用户 id) as 用户数
from 订单表
where date_format(支付时间,'%m') = '05'
group by 1,2
) as a;
```

返回结果如表 8.15 所示。

表 8.15　不同产品客单价

月份	产品名称	客单价
2019-05	云存储	123
2019-05	云服务器	897
2019-05	域名	4
2019-05	数据库	1106

月份	产品名称	客单价
2020-05	云存储	154
2020-05	云服务器	930
2020-05	域名	45
2020-05	数据库	751

接下来需要将结果绘制成图形，与之前的作图步骤类似，我们需要在 Excel 中将数据进行简单转化，如表 8.16 所示。

表 8.16　不同产品客单价同比

产品名称	域名	云存储	云服务器	数据库
2019-05 客单价	14	123	897	1106
2020-05 客单价	45	154	930	751
同比	229.5%	25.3%	3.7%	-32.1%

再通过组合图的形式将图表展现出来，如图 8.9 所示。

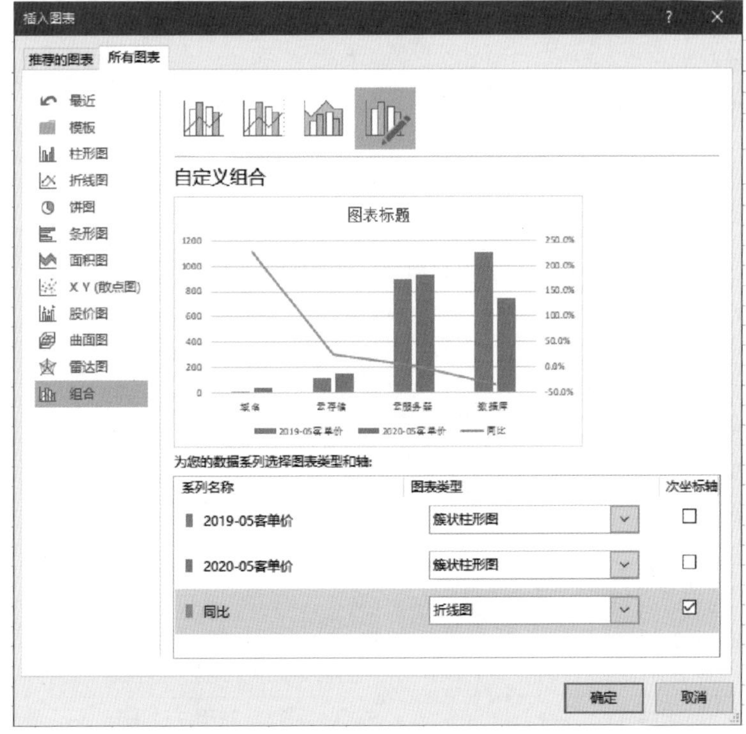

图 8.9　绘制组合图步骤

单击“确定”按钮，就能完成图表的绘制，修改图表标题、坐标轴标题，最终可视化效果如图 8.10 所示。

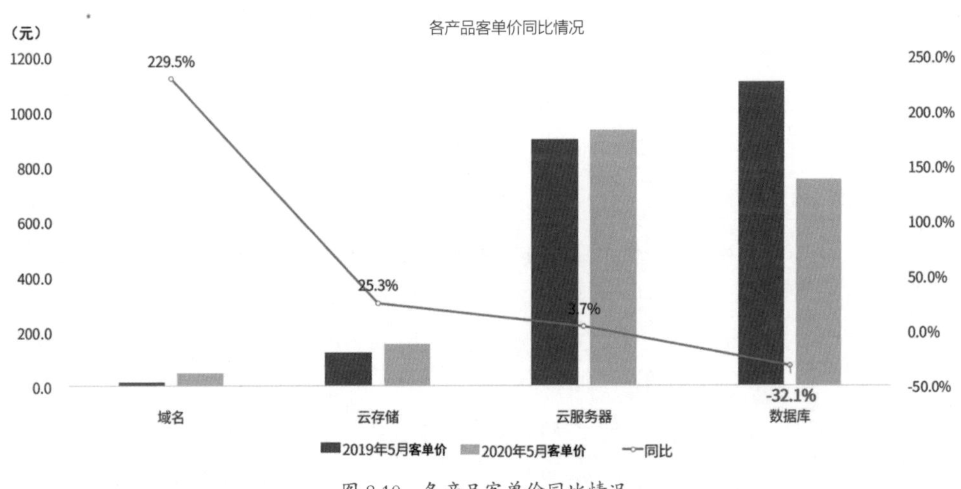

图 8.10　各产品客单价同比情况

这里可以发现，域名、云存储、云服务器产品的客单价均有不同程度的增长，但数据库产品的客单价却同比降低了 32.1%，原来问题是出在了数据库产品上。

3. 新、老用户分析

我们已经发现是数据库产品在客单价上出现了问题，还需要进一步探索，看是哪一部分用户出现了问题。这里我们从两个方面来看，首先是新、老用户的客单价同比情况，然后从时间维度来看新、老用户的客单价变化。这里需要用到“任务下发表”，其“任务类型”列中为“新用户注册”的可认为是新用户，为“产品即将到期提醒”的可认为是老用户。

SQL 语句的书写方法如下：

```
select date_format(支付时间,'%Y-%m') as 月份,
b.任务类型,
sum(a.实付金额)/count(distinct a.用户 id) as 客单价
from 订单表 as a join 任务下发表 as b on a.用户 id = b.用户 id
where a.产品名称 = 数据库
group by 1,2;
```

返回结果如表 8.17 所示。

表 8.17　新、老用户客单价情况

月份	任务类型	客单价	月份	任务类型	客单价
2019-01	产品即将到期提醒	1193	2020-01	产品即将到期提醒	1221
2019-01	新用户注册	965	2020-01	新用户注册	981
2019-02	产品即将到期提醒	1192	2020-02	产品即将到期提醒	1239
2019-02	新用户注册	954	2020-02	新用户注册	998
2019-03	产品即将到期提醒	1195	2020-03	产品即将到期提醒	1213
2019-03	新用户注册	970	2020-03	新用户注册	993
2019-04	产品即将到期提醒	1181	2020-04	产品即将到期提醒	1231
2019-04	新用户注册	956	2020-04	新用户注册	1031
2019-05	产品即将到期提醒	1196	2020-05	产品即将到期提醒	811
2019-05	新用户注册	942	2020-05	新用户注册	658

这里我们对 2019 年和 2020 年的 5 月数据进行对比，在 Excel 中整理数据，并通过组合图的方式展示出来，与前面的图形绘制方法相同，效果如图 8.11 所示。

首先来看客单价同比情况，2020 年 5 月新、老用户的数据库产品客单价均低于 2019 年同期，说明数据库产品的销售普遍存在问题。

我们再来看看 2020 年的新、老用户客单价变化情况。

将 2020 年的新、老用户客单价数据导入 Excel 中进行整理，并绘制折线图，效果如图 8.12 所示。

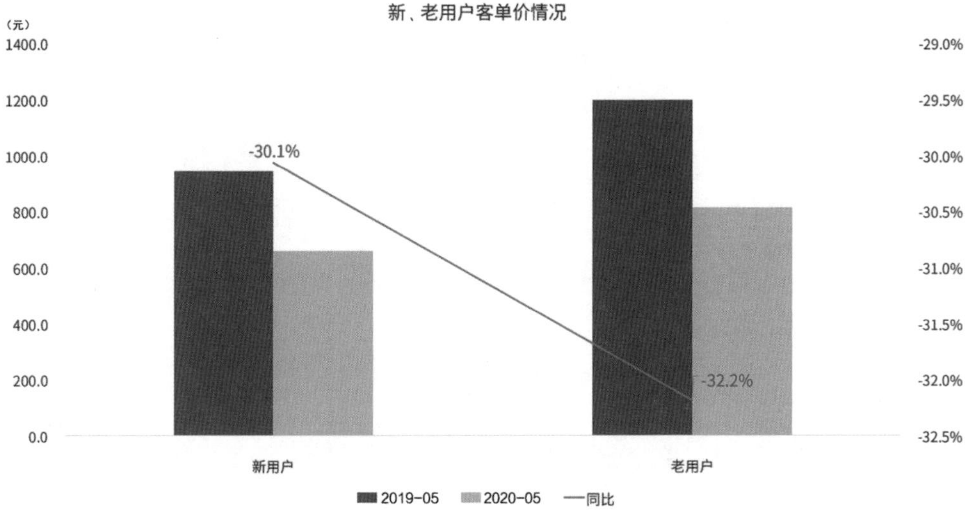

图 8.11 新、老用户客单价情况组合图

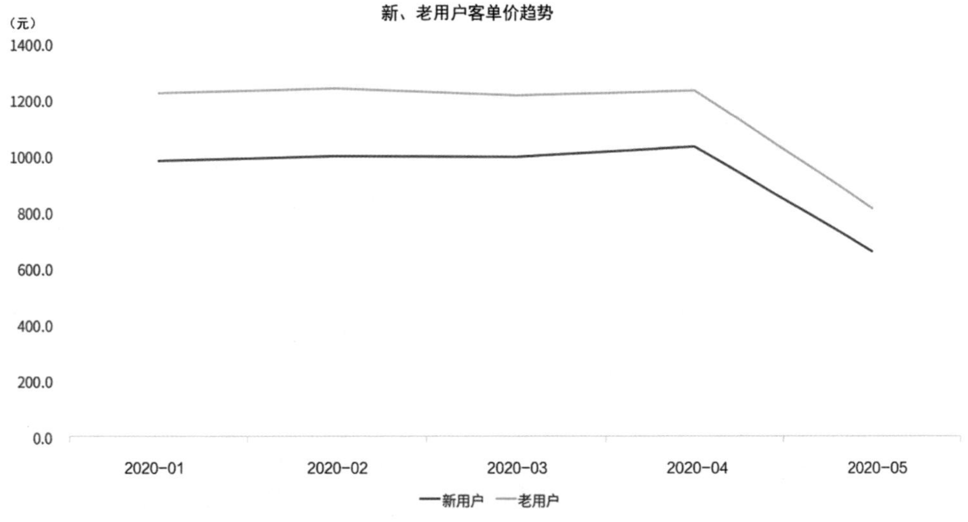

图 8.12 新、老用户客单价趋势折线图

在 2020 年 1 月至 4 月客单价比较平稳，5 月出现突然下降。客单价的下降让我们想到销售的产品结构是否有变化。

4. 产品结构分析

在数据库产品中，共有 3 种类型的子产品，标准版→进阶版→高级版，其定价、销售难度、跟进周期逐步提升。客单价降低可能说明产品集中于低单价产品，这是一个猜想，让我们用数据来验证一下。

首先，列出不同任务类型下各子产品的用户数，SQL 语句的书写方法如下：

```
select b.任务类型,
date_format(支付时间,'%Y-%m') as 月份,
a.子产品名称,
count(a.用户 id) as 用户数
from 订单表 as a join 任务下发表 as b on a.用户 id = b.用户 id
where a.产品名称 = '数据库' and 支付时间 >= '2020-01-01'
group by 1,2,3
order by 1,2;
```

返回结果如表 8.18 所示。

表 8.18　产品结构分析

任务类型	月份	子产品名称	用户数
产品即将到期提醒	2020-01	标准版	477
产品即将到期提醒	2020-01	进阶版	300
产品即将到期提醒	2020-01	高级版	215
产品即将到期提醒	2020-02	标准版	184
产品即将到期提醒	2020-02	进阶版	117
产品即将到期提醒	2020-02	高级版	84
产品即将到期提醒	2020-03	标准版	406
产品即将到期提醒	2020-03	进阶版	428
产品即将到期提醒	2020-03	高级版	230
产品即将到期提醒	2020-04	标准版	436
产品即将到期提醒	2020-04	进阶版	352
产品即将到期提醒	2020-04	高级版	378
产品即将到期提醒	2020-05	标准版	638
产品即将到期提醒	2020-05	进阶版	193
产品即将到期提醒	2020-05	高级版	104

任务类型	月份	子产品名称	用户数
新用户注册	2020-01	标准版	196
新用户注册	2020-01	进阶版	99
新用户注册	2020-01	高级版	53
新用户注册	2020-02	标准版	75
新用户注册	2020-02	进阶版	37

续表

任务类型	月份	子产品名称	用户数
新用户注册	2020-02	高级版	21
新用户注册	2020-03	标准版	173
新用户注册	2020-03	进阶版	144
新用户注册	2020-03	高级版	57
新用户注册	2020-04	标准版	184
新用户注册	2020-04	进阶版	114
新用户注册	2020-04	高级版	96
新用户注册	2020-05	标准版	268
新用户注册	2020-05	进阶版	67
新用户注册	2020-05	高级版	26

接着整理数据，将新、老用户的数据分开，如表 8.19 所示。

表 8.19　新、老用户产品结构分析

新用户	标准版	进阶版	高级版
2020-01	196	99	53
2020-02	75	37	21
2020-03	173	144	57
2020-04	184	114	96
2020-05	268	67	26

老用户	标准版	进阶版	高级版
2020-01	477	300	215
2020-02	184	117	84
2020-03	406	428	230
2020-04	436	352	378
2020-05	638	193	104

然后分别对新、老用户数据进行图表展示。我们将数据导入 Excel 中进行整理，并绘制百分比堆积面积图，效果如图 8.13 所示。

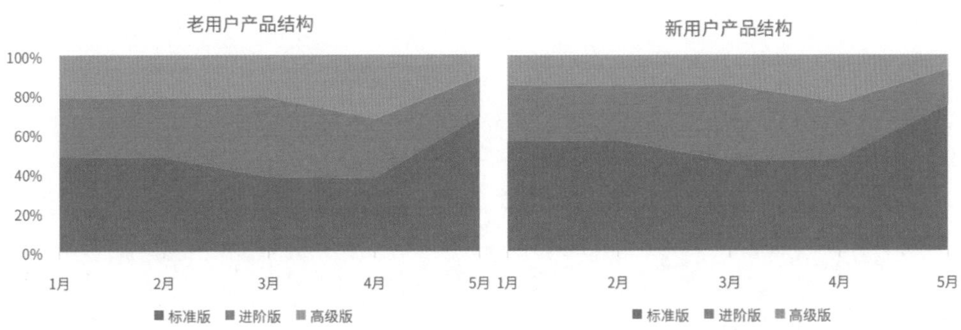

图 8.13　产品结构面积图

实际的数据情况证实了我们的猜想，无论是新用户还是老用户，标准版在 5 月的占比都有

了明显的上升，更高单价的产品占比减少。这才出现了 5 月数据库产品客单价骤降的情况。

5. 转化率分析

在分析了订单产品结构后，我们从商机线索入手，来看看整体转化率情况。

SQL 语句的书写方法如下：

```
select a.任务类型,
date_format(a.任务下发时间,'%Y-%m') as 月份,
count(b.用户 id)/count(a.用户 id) as 转化率
from 任务下发表 as a left join 订单表 as b on a.用户 id = b.用户 id
where a.产品名称 = '数据库' and 任务下发时间 >= '2020-01-01'
group by 1,2
order by 1,2;
```

返回结果如表 8.20 所示。

表 8.20　转化率情况

任务类型	月份	转化率	任务类型	月份	转化率
产品即将到期提醒	2020-01	34.1%	新用户注册	2020-01	8.0%
产品即将到期提醒	2020-02	33.9%	新用户注册	2020-02	8.0%
产品即将到期提醒	2020-03	34.0%	新用户注册	2020-03	7.3%
产品即将到期提醒	2020-04	34.3%	新用户注册	2020-04	7.9%
产品即将到期提醒	2020-05	25.6%	新用户注册	2020-05	8.0%

我们将其合并为同一个表展示，如表 8.21 所示。

表 8.21　新用户转化率和老用户续费率

月份	新用户转化率	老用户续费率
2020-01	8.0%	34.1%
2020-02	8.0%	33.9%
2020-03	7.3%	34.0%
2020-04	7.9%	34.3%
2020-05	8.0%	25.6%

可以看出，老用户续费率在 5 月出现了大幅下降，新用户转化率一直维持在正常水平。

8.2.3　提出建议

前述几节我们从问题入手，一步步剖析，最终得到了问题产生的原因。接着我们要针对这些原因提出改进的建议和方案，这样就能让业务团队去落地实现。我们将之前的分析流程梳理

出来。

经过分析我们发现了两个问题。

（1）2020 年 5 月数据库产品订单主要集中于销售难度相对简单、定价较低的标准版。

建议如下：

- 产品技术能力提升。
- 加强员工激励。
- 低价用户服务过程复盘。
- 加强销售监控及目标追踪。

方案如图 8.14 所示。

解决方案

现状1：数据库产品订单集中于低价产品

◆ 产品技术能力提升	1. 在销售系统中，架构师提供技术支持，对每一步业务流程进行管控，降低销售难度 2. 定期开展数据库产品的专项培训（知识点+操作+解决方案），并配合考试、答辩、用户现场模拟等方式
◆ 加强员工激励	1. 对数据库产品的成单制定阶梯性的提成制度 2. 制定每月数据库中高端产品的销售目标，对超越目标的进行额外奖励
◆ 低价用户服务过程复盘	以2020年5月低价产品用户为样本用户，挑选100个用户，从服务过程、用户需求、用户预算等方面进行复盘，找出实际可升级为中高端产品的用户，重新进行服务触达，从中发现服务过程的问题
◆ 加强销售监控及目标追踪	根据每月数据库产品商机和到期用户数，制定月度销售目标并拆解到每人每日，每天定时汇报项目进度

图 8.14　数据库产品订单集中于低价产品解决方案

（2）老用户续费率下降。

建议如下：

- 到期前 6 个月对用户活跃度进行逐月盘点。
- 加强“续费结果—续费意向”闭环分析。
- 不续费用户反推服务过程。
- 加强“服务—续费”服务过程联动。

方案如图 8.15 所示。

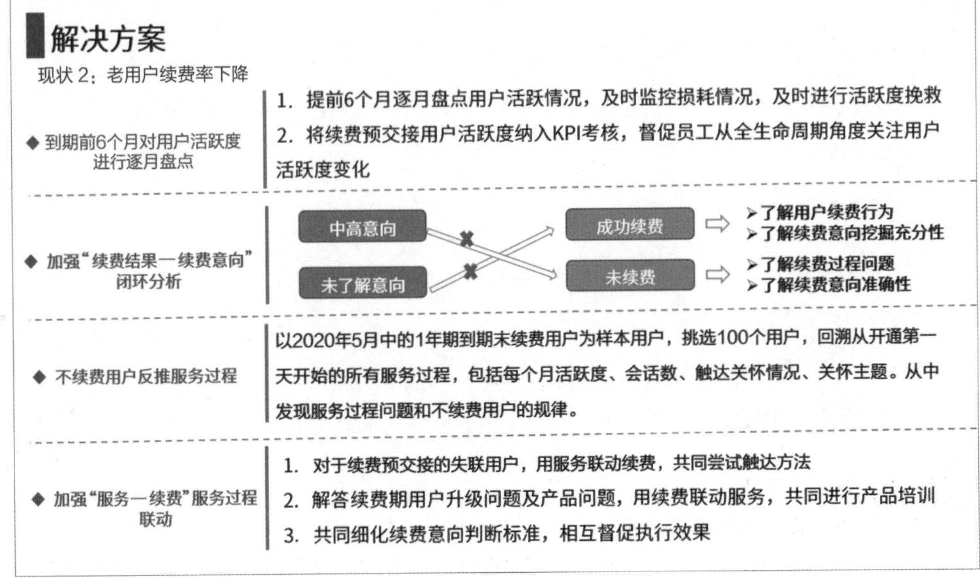

图 8.15　老用户续费率下降解决方案

以上就是项目的全部分析流程，仅仅给出分析建议是不够的，还需要业务同事及主管坚决地执行，并根据结果不断复盘调整。

最后，我们通过一张思维导图进行总结和回顾，你可以再次回想一下整个分析过程。在今后的项目分析中，这些分析维度和分析方法都是十分常见和实用的，快快用起来吧，思维导图如图 8.16 所示。

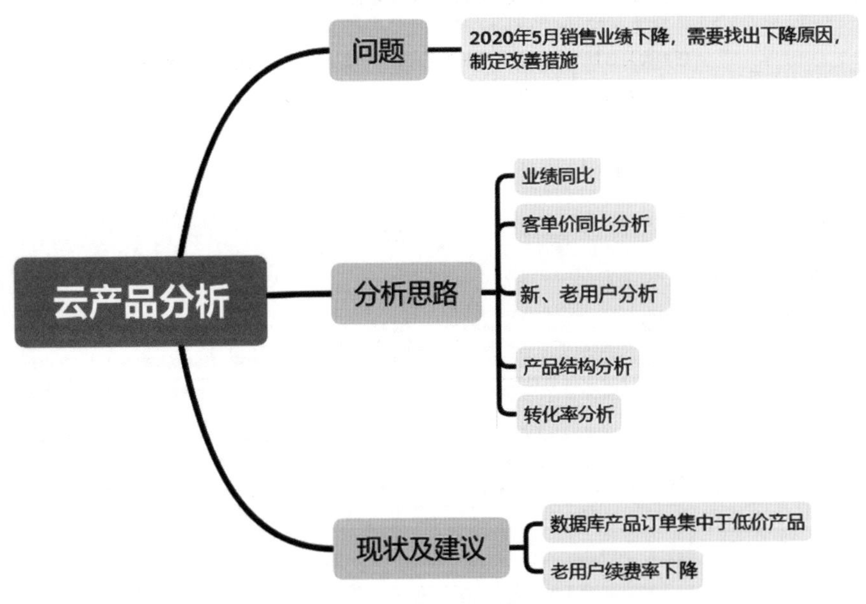

图 8.16　整体分析思维导图

8.3 销售客户分析

【项目背景】

A 企业是一家零售企业，一级经销客户有 100 个。当市场不大时，其对所有的经销客户执行统一的促销策略，一样的终端售价，因为这样有利于树立统一的品牌形象，迅速扩大市场份额。

但随着A企业市场份额的扩大，统一促销策略的弊端开始显现。因经销客户的实力千差万别，所以经销客户的需求也多种多样。

实力强的经销客户，对 A 企业的业绩贡献大，同时资金占用量大，仓储、渠道开发、人员促销等需要的费用也多，A 企业需要给实力强的经销客户更优惠的促销策略，以便这类经销客户有更多的利润支撑运营。

而实力弱一些的经销客户，从 A 企业的进货量不多，对 A 企业的业绩贡献不大，无论多么优惠的促销策略，对 A 企业来说都起不到提高销售业绩的目的。

所以，A 企业需要甄别经销客户的价值，判断经销客户的质量。

【数据集介绍】

“销售订单表”中是 A 企业的 100 个经销客户在 2020 年 7 月 1 日到 12 月 31 日的交易数据（这里只截取部分数据），如表 8.22 所示。

“销售订单表”中有 5 个字段：订单号、客户 ID、交易日期、交易金额（销售金额：万元）、交易类型（销售类型）。下面利用这 6 个月的销售记录，研究A企业的 100 个经销客户的价值情况。

表 8.22 销售订单表

订单号	客户 ID	交易日期	交易金额（元）	交易类型
11807	2042	2020/7/1	0	0
11808	2041	2020/7/1	269	1
11821	2074	2020/7/1	239	1
11822	2053	2020/7/1	0	0
11835	2064	2020/7/1	2	1
11836	2052	2020/7/1	299	1
…	…	…	…	…
25104	2020	2020/10/15	119	3
25105	2006	2020/10/15	185	3
25109	2067	2020/10/16	-359	2
25121	2017	2020/10/16	-57	2
…	…	…	…	…

交易类型（销售类型）分别代表的含义如表 8.23 所示。

表 8.23　交易类型含义

交易类型	代表含义
0	赠送
1	正常价格进货
2	退货
3	特价进货

【分析思路】

8.3.1　明确问题

要满足不同的经销客户的需求，首先要了解这些经销客户给 A 企业带来多少业绩，对 A 企业的贡献有多大？从 A 企业进货的频次是多少？对 A 企业重不重要？

对经销客户按价值分类，最常用的分析方法是 RFM 模型分析方法。

“RFM”是下面 3 个单词的缩写。

- Recency：最近一次消费距离要考察的时间，一般是“天数”，考察客户的黏性，理论上 R 值越小的客户价值越高。
- Frequency：消费频率，在考察时间内的消费总次数，考察客户对企业的忠诚度。
- Monetary： 消费金额，在考察时间内的消费总金额，考察客户对企业的贡献。

（RFM 模型分析方法的原理介绍，详细见猴子 · 数据分析学院所著的《数据分析思维：分析方法和业务知识》一书。）

8.3.2　分析原因

1. 数据质量分析，数据清洗、数据整理

在实际的销售数据中，数据是杂乱的，有各种各样的原因会造成数据缺失、异常或者与分析目的不一致。

在拿到销售数据时，首先要检查各项销售指标是不是符合分析的需要，然后对数据进行清洗和整理。

对于这份销售数据，需要去掉交易金额为 0 的数据（交易金额 !=0），同时去掉销售类型为“赠送”的数据（该类型对应的值为 0）（交易类型 != 0）。

SQL 语句的书写方法如下，把该查询结果记为临时表 a。

```
select *
from 销售订单表
where 交易金额 !=0
and 交易类型 != 0;
```

2. 计算 R、F、M 指标的值

与业务人员沟通后，将参照日期定为 2020 年 12 月 31 日，现在分别计算出 R、F、M 指标的值。

R 指标定义：最后一次交易日期距离参照日期的天数。找出每个客户的最后一次交易日期，也就是取交易日期的最大值距离参照日期（2020 年 12 月 31 日）的天数。

因为要分析“每个客户”，所以要用到分组汇总。先按客户 ID 分组（group by 子句），然后用汇总函数（max() 函数）得到交易日期的最大值，再用 datediff() 函数计算交易日期的最大值距离参照日期（2020 年 12 月 31 日）的天数：

```
datediff("2020-12-31",max( 交易日期 ))
```

F 指标定义：交易总次数。

按客户 ID 分组（group by 子句），然后汇总（计数函数 count()）得到交易总次数。

M 指标定义：交易总金额。

按客户 ID 分组（group by 子句），然后汇总（求和函数 sum() ）得到交易总金额。

计算 R、F、M 指标的值的 SQL 语句的书写方法如下：

```
select 客户 ID,
datediff('2020-12-31', max( 交易日期 )) as R,
count( 订单号 ) as F,
sum( 交易金额 ) as M
from  a
group by 客户 ID;
```

查询结果如表 8.24 所示，把该查询结果记为临时表 b。

表 8.24　临时表 b

客户 ID	R	F	M
2041	13	75	10 430
2074	0	73	12 558
2064	2	63	9 276
2052	3	70	11 329
2014	1	71	9 887
2025	4	70	9 465
2085	4	57	9 808
2016	4	64	8 957
2055	1	69	10 275
…	…	…	…

3. 对 R、F、M 指标的值进行打分

在销售过程中，大部分的销售额往往是由一小部分客户带来的，销售数据不是正态分布的，所以，在划分评分标准区间时不能按照绝对的平均值等分。

具体怎么划分以实际业务和经验来判断。对于此案例，在与业务人员沟通后，R、F、M 指标的打分规则定为如表 8.25 所示。

表 8.25　打分规则

指标	指标解释	得分				
		5	4	3	2	1
R	最后一次交易日期距离 2020 年 12 月 31 日的天数	2 天及以下	3~5 天	6~9 天	10~13 天	14 天以上
F	在 2020 年 7 月 1 日至 2020 年 12 月 31 日交易总次数	70 次及以上	65~69 次	60~64 次	52~59 次	51 次以下
M	在 2020 日 7 月 1 日至 2020 年 12 月 31 日交易总金额	12000 万元及以上	10000 万 ~ 11999 万元	8000 万 ~9999 万元	6500 万 ~ 7999 万元	6499 万元以下

根据以上打分标准，计算每个客户 R、F、M 指标的得分情况。因为是按表 8.25 所示的不同情况来打分的，所以是多条件判断，可以使用 case when 表达式来实现。

把 R 指标得分情况放到 R_score 列中，case when 表达式书写如下：

```
(case when R <= 2 then 5
      when R between 3 and 5 then 4
      when R between 6 and 9 then 3
      when R between 10 and 13 then 2
      else 1 end ) as R_score
```

把 F 指标得分情况放到 F_score 列中，case when 表达式书写如下：

```
(case when F >=70 then 5
      when F between 65 and 69 then 4
      when F between 60 and 64 then 3
      when F between 52 and 59 then 2
      else 1 end ) as F_score
```

把 M 指标得分情况放到 M_score 列中，case when 表达式书写如下：

```
(case when M >= 12000  then 5
      when M between 10000 and 11999 then 4
      when M between 8000 and 9999 then 3
      when M between 6500 and 7999 then 2
      else 1 end ) as M_score
```

把上面计算 R、F、M 指标得分的表达式合在一起，完整的 SQL 语句如下：

```
select 客户 ID,
(case when R <= 2 then 5
     when R between 3 and 5 then 4
     when R between 6 and 9 then 3
     when R between 10 and 13 then 2
     else 1 end ) as R_score,
(case when F >=70 then 5
     when F between 65 and 69 then 4
     when F between 60 and 64 then 3
     when F between 52 and 59 then 2
     else 1 end ) as F_score,
(case when M >= 12000  then 5
     when M between 10000 and 11999 then 4
     when M between 8000 and 9999 then 3
     when M between 6500 and 7999 then 2
     else 1 end ) as M_score
from b;
```

查询结果如表 8.26 所示，把该查询记为临时表 c。

表 8.26 客户 R、F、M 指标的得分情况

客户 ID	R_score	F_score	M_score
2041	2	5	4
2074	5	5	5
2064	5	3	3
2052	4	5	4
2014	5	5	3
2025	4	5	3
2085	4	2	3
2016	4	3	3
2055	5	4	4
2021	5	4	3
…	…	…	…

4. 计算 R、F、M 指标的得分是否大于各自得分平均值

分别将 R_score、F_score、M_score 值和各自的平均值进行比较，即将客户 R、F、M 指标的值维度化。如果大于平均值则标记为 1，如果小于平均值则标记为 0，并把标记结果分别记录到 R_dim、F_dim 和 M_dim 列中。

```
select 客户ID,
(case when R_score>avg(R_score) then 1 else 0 end) as R_dim,
(case when F_score>avg(F_score) then 1 else 0 end) as F_dim,
(case when M_score>avg(M_score) then 1 else 0 end) as M_dim,
from c;
```

查询结果如表 8.27 所示，把该查询记为临时表 d。

表 8.27　临时表 d

客户 ID	R_dim	F_dim	M_dim
2041	0	1	1
2074	1	1	1
2064	1	0	0
2052	1	1	1
2014	1	1	0
2025	1	1	0
2085	1	0	0
2016	1	0	0
2055	1	1	1
2021	1	1	0
…	…	…	…

5. 将客户按价值分类

根据表 8.28 所示的分类标准，对经销客户按价值进行分类。表 8.28 中的“R 是否大于得分平均值”就是上一步得到的 R_dim，“F 是否大于得分平均值”就是上一步得到的 F_dim，“M 是否大于得分平均值”就是上一步得到的 M_dim。

表 8.28　客户按价值分类标准

客户类型	R 是否大于得分平均值	F 是否大于得分平均值	M 是否大于得分平均值	对应策略
重要价值客户	1	1	1	企业优质客户，需要继续维持
重要深耕客户	1	0	1	近期交易金额高于平均值，且交易金额大，只是频次少，需要增加交易次数
重要挽回客户	0	1	1	近期交易金额低于平均值，但是交易次数多，金额大，贡献高，需要挽回

续表

客户类型	R 是否大于得分平均值	F 是否大于得分平均值	M 是否大于得分平均值	对应策略
重要挽留客户	0	0	1	近期交易金额低于平均值，交易频次也少，但是交易金额大，贡献度高，是企业的潜在客户，需要挽留
一般维持客户	0	1	0	近期交易金额低于平均值，交易金额不多，贡献不大，一般维护即可
潜力客户	1	1	0	近期交易金额高于平均值，频次也多，就是交易金额较少，需要挖掘用户需求，将其转化为重要价值客户
新客户	1	0	0	近期交易金额高于平均值，交易频次不高，金额不大，需要引导，增加客户黏性
流失客户	0	0	0	R、F、M 指标的值都低于平均值，相当于流失

根据临时表 d，对客户类型进行分类，SQL 语句如下，把该表命名为 type。

```
select 客户 ID,
(case when R_dim=1 and F_dim=1 and M_dim=1 then "重要价值客户"
       when R_dim=1 and F_dim=0 and M_dim=1 then "重要深耕客户"
       when R_dim=0 and F_dim=1 and M_dim=1 then "重要挽回客户"
       when R_dim=0 and F_dim=0 and M_dim=1 then "重要挽留客户"
       when R_dim=0 and F_dim=1 and M_dim=0 then "一般维持客户"
       when R_dim=1 and F_dim=0 and M_dim=0 then "新客户"
       when R_dim=1 and F_dim=1 and M_dim=0 then "潜力客户"
else "流失客户" end) as 客户类型
from d;
```

查询结果如表 8.29 所示。

表 8.29　type

客户 ID	客户类型
2041	重要挽回客户
2074	重要价值客户
2064	新客户

续表

客户 ID	客户类型
2052	重要价值客户
2014	潜力客户
2025	潜力客户
2085	新客户
2016	新客户
2055	重要价值客户
2021	潜力客户
…	…

6. 每个客户的类型及价值

新建一个由客户 ID、R、F、M 字段组成的表，命名为 kpi，SQL 语句的书写方法如下。

```
select a. 客户 ID,
datediff( '2020-12-31' ,max(a.date)) as R,
count(a. 订单号 ) as F,
sum(a. 交易金额 ) as M
from
    (select *
    from 销售订单表
    where 交易金额 !=0
    and 交易类型 != 0
    )a
group by a. 客户 ID
```

返回结果如表 8.30 所示。

表 8.30　表 kpi

客户 ID	R	F	M
2041	13	75	10,430
2074	0	73	12,558
2064	2	63	9,276
2052	3	70	11,329
2014	1	71	9,887
2025	4	70	9,465
2085	4	57	9,808

续表

客户 ID	R	F	M
2016	4	64	8,957
2055	1	69	10,275
2021	2	68	8,658
…	…	…	…

再将表 type 与表 kpi 进行左连接，得到每个客户的类型及其相应的 R、F、M 值，由此可以得到各个客户的类型及其对企业的价值，SQL 语句的书写方法如下：

```
select type. 客户 ID,
type. 客户类型 ,
kpi.R,
kpi.F,
kpi.M
From type
left join
(select a. 客户 ID,
datediff( ‘2020-12-31’ ,max(a.date)) as R,
count(a. 订单号 ) as F,
sum(a. 交易金额 ) as M
from
   (select *
   from 销售订单表
   where 交易金额 !=0
   and 交易类型  != 0
   )a
group by a. 客户 ID) kpi
on type. 客户 ID=kpi. 客户 ID
```

返回结果如表 8.31 所示。

表 8.31　客户类型与价值表

客户 ID	客户类型	R	F	M
2041	重要挽回客户	13	75	10,430
2074	重要价值客户	0	73	12,558
2064	新客户	2	63	9,276
2052	重要价值客户	3	70	11,329
2014	潜力客户	1	71	9,887

续表

客户 ID	客户类型	R	F	M
2025	潜力客户	4	70	9,465
2085	新客户	4	57	9,808
2016	新客户	4	64	8,957
2055	重要价值客户	1	69	10,275
2021	潜力客户	2	68	8,658
…	…	…	…	…

7. 客户类型、价值与总销售金额、总客户数量分析

在表 kpi 中增加总客户数量（custom_num）和总销售金额（amount_all）两个字段，这样就得到了每个客户 ID 对应的该类型客户的 R 值、F 值、M 值、总客户数量、总销售金额，命名为表 total。SQL 语句的书写方法如下：

```
select type.客户 ID,
type.客户类型,
kpi.R,
kpi.F,
kpi.M,
kpi.amount_all 总销售金额,
kpi.custom_num 总客户数量
From type
left join
(select a.客户 ID,
datediff('2020-12-31',max(a.date)) as R,
count(a.订单号) as F,
sum(a.交易金额) as M,
sum(sum(a.amount)) over () amount_all,
count(a.custom_id) over () custom_num
from
     (select *
     from 销售订单表
     where 交易金额 !=0
     and 交易类型 != 0
     )a
group by a.客户 ID) kpi
on type.客户 ID=kpi.客户 ID
```

返回结果如表 8.32 所示。

表 8.32　total

客户 ID	客户类型	R	F	M	总销售金额	总客户数量
2041	重要挽回客户	13	75	10,430	986,733	100
2074	重要价值客户	0	73	12,558	986,733	100
2064	新客户	2	63	9,276	986,733	100
2052	重要价值客户	3	70	11,329	986,733	100
2014	潜力客户	1	71	9,887	986,733	100
2025	潜力客户	4	70	9,465	986,733	100
2085	新客户	4	57	9,808	986,733	100
2016	新客户	4	64	8,957	986,733	100
2055	重要价值客户	1	69	10,275	986,733	100
2021	潜力客户	2	68	8,658	986,733	100
…	…	…	…	…	…	…

8. 企业客户整体质量分析

根据上述得到的 total 表，我们可以按照客户类型汇总得到本企业各种类型客户的数量及其占比、各种类型客户的总销售金额及其占比。SQL 语句的书写方法如下：

```
select total. 客户类型 ,
count(total. 客户 ID) 各客户类型数量 ,
count(total. 客户 ID)/max(total. 总客户数量 )  各客户类型数量占比 ,
sum(total.M) 各客户类型金额 ,
sum(total.M)/max(total. 总销售金额 ) 各客户类型金额占比
from
(select type. 客户 ID,
type. 客户类型 ,
kpi.R,
kpi.F,
kpi.M,
kpi.amount_all 总销售金额 ,
kpi.custom_num 总客户数量
From type
left join
(select a. 客户 ID,
datediff( '2020-12-31' ,max(a.date)) as R,
```

```
count(a.订单号 ) as F,
sum(a.交易金额 ) as M,
sum(sum(a.amount)) over () amount_all,
count(a.custom_id) over () custom_num
from
      (select *
      from 销售订单表
      where 交易金额 !=0
      and 交易类型 != 0
      )a
group by a.客户ID) kpi
on type.客户ID=kpi.客户ID
)total
group by total.客户类型
```

返回结果如表 8.33 所示。

表 8.33　各客户类型的数量及金额占比

客户类型	各客户类型数量	各客户类型数量占比	各客户类型金额	各客户类型金额占比
重要价值客户	33	33%	374,751	38%
重要深耕客户	4	4%	41,770	4%
重要挽回客户	9	9%	100,178	10%
重要挽留客户	1	1%	10,383	1%
新客户	23	23%	196,998	20%
潜力客户	12	12%	110,779	11%
一般维持客户	5	5%	41,918	4%
流失客户	13	13%	109,956	11%

最后可以将表 8.33 所示的查询结果导入 Excel 等分析工具，制作可视化图表，分析各个客户类型的情况，便于更直观地分析，如图 8.17 所示。

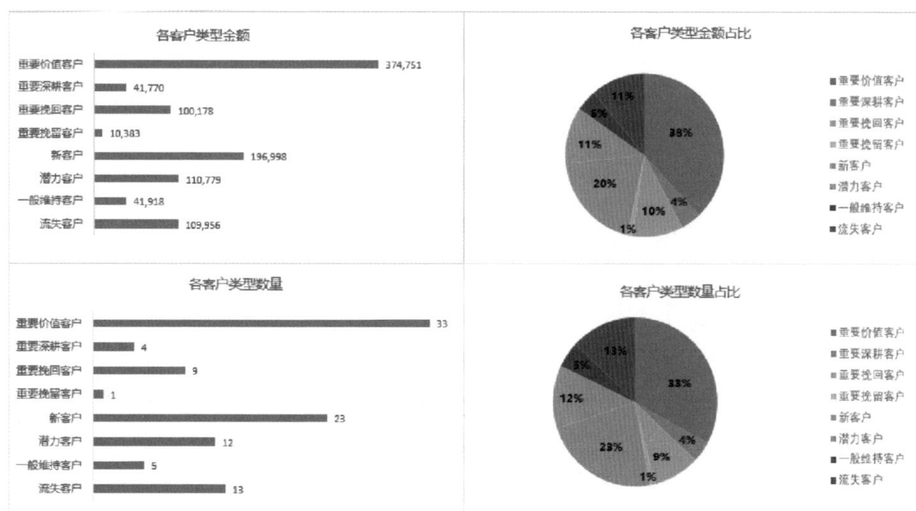

图 8.17　可视化分析结果

完整的 SQL 语句的书写方法如下：

```
select total. 客户类型 ,
count(total. 客户 ID) 各客户类型数量 ,
count(total. 客户 ID)/max(total. 总客户数量 )  各客户类型数量占比 ,
sum(total.M) 各客户类型金额 ,
sum(total.M)/max(total. 总销售金额 ) 各客户类型金额占比
from
   (select  type. 客户 ID,
   type. 客户类型 ,
   kpi.R,
   kpi.F,
   kpi.M,
   kpi.amount_all 总销售金额 ,
   kpi.custom_num 总客户数量
   from
       (select d. 客户 ID,
       (case when R_dim=1 and F_dim=1 and M_dim=1 then "重要价值客户"
              when R_dim=1 and F_dim=0 and M_dim=1 then "重要深耕客户"
              when R_dim=0 and F_dim=1 and M_dim=1 then "重要挽回客户"
              when R_dim=0 and F_dim=0 and M_dim=1 then "重要挽留客户"
              when R_dim=0 and F_dim=1 and M_dim=0 then "一般维持客户"
              when R_dim=1 and F_dim=0 and M_dim=0 then "新客户"
              when R_dim=1 and F_dim=1 and M_dim=0 then "潜力客户"
```

```
else “流失客户” end) as 客户类型
from
(select c. 客户 ID,
(case when c.R_score> avg(c.R_score) then 1 else 0 end) as R_dim,
(case when c.F_score> avg(c.F_score) then 1 else 0 end) as F_dim,
(case when c.M_score> avg(c.M_score) then 1 else 0 end) as M_dim
from
(select b. 客户 ID,
(case when b.R <= 2 then 5
                              when b.R between 3 and 5 then 4
                              when b.R between 6 and 9 then 3
                              when b.R between 10 and 13 then 2
else 1 end ) as R_score,
(case when b.F >=70 then 5
                               when b.F between 65 and 69 then 4
                               when b.F between 60 and 64 then 3
                               when b.F between 52 and 59 then 2
else 1 end ) as F_score,
(case when b.M >= 12000  then 5
                              when b.M between 10000 and 11999 then 4
                              when b.M between 8000 and 9999 then 3
                              when b.M between 6500 and 7999 then 2
else 1 end ) as M_score
from
(select a. 客户 ID,
datediff( ‘2020-12-31’ ,max(a. 交易日期 )) as R,
count(a. 订单号 ) as F,
sum(a. 交易金额 ) as M
     from
     (select * from 销售订单表
     where 交易金额 !=0
     and 交易类型 != 0
     ) a
group by a. 客户 ID)b
)c
)d
) type
left join
(select a. 客户 ID,
datediff( ‘2020-12-31’ ,max(a.date)) as R,
```

```
count(a. 订单号 ) as F,
sum(a. 交易金额 ) as M,
sum(sum(a.amount)) over () amount_all,
count(a.custom_id) over () custom_num
from
      (select *
      from 销售订单表
      where 交易金额 !=0
      and 交易类型 != 0
      )a
group by a. 客户 ID) kpi
on type. 客户 ID=kpi. 客户 ID
) total
group by total. 客户类型
;
```

8.3.3 提出建议

通过 8.17 所示的分析图表，可以看到 A 企业的经销客户中，重要价值客户占了 33%，重要深耕客户、重要挽回客户、重要挽留客户整体数量不多。有机会发展成为重要价值客户的客户数量不足。而流失客户占了 13%、新客户也占了 23%，对企业来说，就有 36% 的客户黏性不足，这对企业是非常不利的。针对此种情况，建议 A 企业改变促销策略，具体如表 8.34 所示。

表 8.34 策略建议

客户类型	企业的策略	针对各客户类型的建议
重要价值客户	企业存在的问题: 1. 对企业重要的客户（重要深耕、重要挽回、重要挽留客户）数量比较少 2. 企业的新客户比较多，而且新客户对企业的销售业绩占比较高，达到了 20% 3. 流失客户数量比较多	企业的优质客户，继续保持，需重点维系。提供新品、新规格、挖掘新的增长点
重要深耕客户		帮助此类客户分销，开拓新的渠道，加速产品消化，增加客户的进货频次
重要挽回客户		了解该客户最近没有进货的原因，给予客户更多的毛利、促销策略的支持，若库存多可帮助分销

续表

<table>
<tr><th>客户类型</th><th>企业的策略</th><th>针对各客户类型的建议</th></tr>
<tr><td>重要挽留客户</td><td rowspan="5">企业的策略方向：
1. 促使新客户、潜力客户、一般客户向重要客户转化，现有重要客户转化为更多的重要价值客户
2. 增加新客户黏性，转化成有价值的老客户
3. 寻找客户流失的原因，减少客户流失</td><td>了解客户长时间未进货及进货频次低的原因，给予客户优惠政策，让客户进货</td></tr>
<tr><td>新客户</td><td>需要促使其转化成老客户，鼓励客户多尝试进货，提供品牌担保，若销售情况不佳，那么企业可以适情况帮忙解决库存、渠道问题</td></tr>
<tr><td>潜力客户</td><td>挖掘客户需求，帮助客户拓展渠道，开辟新的市场</td></tr>
<tr><td>一般维持客户</td><td>一般维护，尽力将其转化成老客户</td></tr>
<tr><td>流失客户</td><td>寻找原因，减少客户的流失</td></tr>
</table>

8.4 产品评价分析

【项目背景】

某大型餐饮集团在北京、上海等城市有多家门店，每年都在大众点评和美团平台上进行广告投放，希望通过线上渠道获取更多客流。

集团数据分析部门会定期对消费者在这两个平台上的评价和留言进行分析，目的是让集团形成对消费者满意度和品牌运营情况的完整认识，辅助集团改进、调整广告投放策略，及时发现需要整改的门店等。

【数据集介绍】

本案例基于从业务部门获得的两个数据表，分别是“全国门店分布表”和“评价表”。

如表 8.35 所示，“全国门店分布表”反映了各个门店所在的城市。门店名称字段即各个门店的名称，城市字段即对应门店所在的城市名称。

表 8.35　全国门店分布表

门店名称	城市
YT 店	北京
PM 店	北京
SG 店	西安

续表

门店名称	城市
ZG 店	北京
JY 店	北京
XJ 店	南京
…	…

如表 8.36 所示，“评价表”反映了每家门店在一定时间内的消费者评价情况，包括 id、门店名称、评价字数、平台、评价日期、评价时间和评价星级。

表 8.36 评价表

id	门店名称	评价字数	平台	评价日期	评价时间	评价星级
1	YT 店	159	大众点评	2021/9/12	23:38:50	5
2	PM 店	249	大众点评	2021/9/12	11:36:55	5
3	SG 店	132	大众点评	2021/9/12	23:21:50	5
4	ZG 店	148	大众点评	2021/9/12	23:11:47	4
5	YT 店	149	大众点评	2021/9/12	22:59:19	3.5
6	YT 店	119	大众点评	2021/9/12	22:34:07	4.5
…	…	…	…	…	…	…

- id：用于唯一标识每一行数据。
- 门店名称：各个门店的名称，与“全国门店分布表”中的门店名称字段的含义是一致的。
- 评价字数：评价内容的文字字数。
- 平台：本次分析的门店所在的两大网络平台，即大众点评和美团。
- 评价日期：消费者提交评价的日期。
- 评价时间：消费者提交评价的具体时间。
- 评价星级：在消费者点评时打出的星级分数，分值区间为 0~5 分，以 0.5 分作为一个增减区间。

【分析思路】

8.4.1 明确问题

为了研究清楚全国不同地区各门店的评价情况，下面从全局和数据对比两个维度明确要分析的问题。

1. 全局维度

从全局看，我们需要得到：

（1）一共有多少家门店、多少条评价。

（2）门店数量和评价数量在每个平台（大众点评、美团）上的分布情况。

（3）消费者对品牌的整体印象，即总体的好评率情况。

从业务数据看，不同的门店分布在不同的城市，同一家门店分布在两个平台上。所以，可以按照“城市”和“平台”对门店进行分组，研究不同城市、不同平台上，门店的数据表现情况。

评价星级的范围是 0 ~ 5 分，通过生活经验和与业务同事的沟通，将“评价星级”≤ 3 的定义为“差评”，将“评价星级”>3 的定义为“好评”，这样我们又可以得到两个组（差评组和好评组），如表 8.37 所示。

表 8.37　评价类型

分组名称	评价星级
差评	≤ 3
好评	>3

（4）消费者满意度排名，列出满意度较差的 Top 20 门店。

每条评价都包括“评价字数”“评价星级”维度。如果评价星级越高，评价字数越多，那么说明消费者的满意度越高。如果评价星级越低，评价字数越多，那么说明消费者的意见比较大，满意度更低。

由此，我们可以制定“消费者满意度”指标，计算规则为：消费者满意度 = 评价字数 × 评价星级 × 星级系数，星级系数与星级的分数范围相关，具体如表 8.38 所示。

表 8.38　星级系数规则

星级范围	星级系数
[0,2)	−2
[2,3)	−1
[3,4)	1
[4,5)	2

2. 数据对比维度

对比着看，我们需要得到：

（1）大众点评和美团两个平台的好评率对比。

（2）不同城市的门店数量、评价数量、平均星级分数对比。

（3）核心城市门店每日评价数量的趋势对比。

其中涉及数据的对比，我们可以用对比分析方法。即对不同城市门店的“好评率”和“差评率”进行对比分析，以及通过对比，分析不同日期的评价数量，形成不同日期评价数量的趋势变化。

8.4.2　分析原因

分析思路如图 8.18 所示。

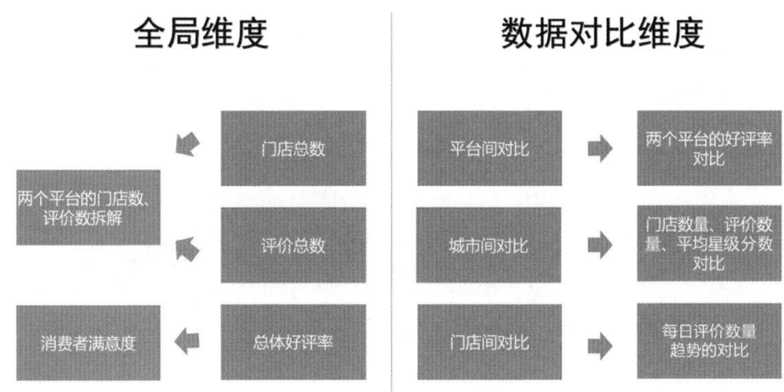

图 8.18　分析思路

1. 全局维度

当面对大量复杂的数据时，我们应先从宏观视角观察和分析数据的全貌，了解清楚共有多少家门店参与分析，在大众点评和美团两个平台上的分布情况是什么样的，这些门店又分布在哪些城市，等等。

（1）一共有多少家门店、多少条评论。

我们先统计一下本次分析需要的门店总数和评价总数，可以用 SQL 的汇总函数（count()）。

SQL 语句的书写方法如下：

```
select
    count(distinct 门店名称 ) as 门店总数 ,
    count(id) as 评价总数
from 评价表 ;
```

查询结果如表 8.39 所示。

表 8.39　门店总数和评价总数

门店总数	评价总数
65	2359

分析结论：本次要对这 65 家门店和 2359 条评价数据进行分析。

（2）门店数量和评价数量在每个平台（大众点评、美团）上的分布情况。

这里涉及“每个平台”，要到用分组汇总，按平台分组（group by 子句），然后汇总（门店数量、评价数量），要用到汇总函数（count()）。

SQL 语句的书写方法如下：

```
select 平台,
       count(distinct 门店名称) as 门店数量,
       count(id) as 评价数量
from 评价表
group by 平台;
```

查询结果如表 8.40 所示。

表 8.40　门店数量和评价数量分布结果

平台	门店数量	评价数量
大众点评	62	2065
美团	52	294

和门店总数 65 对比，有 3 家未使用大众点评或在此平台无评价数据（门店总数 65- 大众点评门店数量 62=3），13 家未使用美团平台或在此平台无评价数据（门店总数 65- 美团门店数量 52=13）。

从评价数量上看，大众点评平台上的评价数量（2065）远超美团平台（294）。因为两个平台上的评价数量差别比较大，所以，在后面的分析中，注意不能用绝对数值比较两个平台的评价数量。

（3）消费者对品牌的整体印象，即总体的好评率情况。

在前面，我们定义了“好评”与“差评”的标准，即“评价星级”≤ 3 为差评，“评价星级”>3 为好评。我们先来看一下整体的好评数量。

SQL 语句的书写方法如下：

```
select
    count(id) as 好评数量
from 评价表
where 评价星级 > 3;
```

查询结果如表 8.41 所示。

表 8.41　好评数量结果

好评数量
2304

消费者评价整体好评率 = 好评数量（2304）/ 评价总数（2359）=97.67%。由此看来，在分析时间段内，消费者对各门店的整体印象不错。

（4）消费者满意度排名，列出满意度较差的 Top20 门店。

通过评价字数和评价星级，按照“消费者满意度 = 评价字数 × 评价星级 × 星级系数”规则进行综合运算，得到每一条评价的消费者满意度，并计算各门店的消费者满意度平均值的排名。

这里要用到 SQL 的子查询、union all 子句、order by 子句、limit 子句等。

根据“消费者满意度 = 评价字数 × 评价星级 × 星级系数”规则，分别进行数据计算，再用 union all 子句将计算结果合并起来

SQL 语句的书写方法如下：

```
(select
    id,
    门店名称，
    平台，
    评价字数 * 评价星级 *- 2 as 满意度
from 评价表
where 评价星级 < 2)
union all
(select
    id,
    门店名称，
    平台，
    评价字数 * 评价星级 *- 1 as 满意度
from 评价表
where 2 <= 评价星级 and 评价星级 < 3）
union all
（select
    id,
    门店名称，
    平台，
    评价字数 * 评价星级 * 1 as 满意度
from 评价表
where 3 <= 评价星级 and 评价星级 < 4)
union all
(select
    id,
    门店名称，
    平台，
    评价字数 * 评价星级 * 2 as 满意度
```

```
from 评价表
where 4 <= 评价星级 );
```

建立子查询，用 group by 子句进行分组，通过汇总函数 avg() 计算每个门店满意度的平均值，再用 order by 子句对满意度进行升序排列。

SQL 语句的书写方法如下：

```
select 门店名称 , 平台 , avg( 满意度 ) as 平均满意度
from
(
    select
        id,
        门店名称 ,
        平台 ,
        评价字数 * 评价星级 *- 2 as 满意度
    from
        评价表
    where
        评价星级 < 2
    union all
    select
        id,
        门店名称 ,
        平台 ,
        评价字数 * 评价星级 *- 1 as 满意度
    from
        评价表
    where
        2 <= 评价星级 and 评价星级 < 3
    union all
    select
        id,
        门店名称 ,
        平台 ,
        评价字数 * 评价星级 * 1 as 满意度
    from
        评价表
    where
        3 <= 评价星级 and 评价星级 < 4
    union all
    select
```

```
        id,
        门店名称 ,
        平台 ,
        评价字数 * 评价星级 * 2 as 满意度
    from
        评价表
    where
        4 <= 评价星级
)as a
group by 门店名称
order by 平均满意度 asc;
```

最后，按照业务要求，从升序排列的数据中，获取平均满意度较差的 Top 20 门店。

SQL 语句的书写方法如下：

```
select *from
(
select 门店名称 , 平台 , avg( 满意度 ) as 平均满意度
from
(
    select
        id,
        门店名称 ,
        平台 ,
        评价字数 * 评价星级 *- 2 as 满意度
    from 评价表
    where
        评价星级 < 2
    union all
    select
        id,
        门店名称 ,
        平台 ,
        评价字数 * 评价星级 *- 1 as 满意度
    from 评价表
    where
        2 <= 评价星级 and 评价星级 < 3
    union all
    select
        id,
        门店名称 ,
```

```
            平台,
            评价字数 * 评价星级 * 1 as 满意度
        from 评价表
        where
            3 <= 评价星级 and 评价星级 < 4
        union all
        select
            id,
            门店名称,
            平台,
            评价字数 * 评价星级 * 2 as 满意度
        from 评价表
        where
            4 <= 评价星级
    )as a
    group by 门店名称
    order by 平均满意度 asc
    )as b limit 20;
```

返回结果如表 8.42 所示（部分展示）。

表 8.42　满意度结果

门店名称	平台	平均满意度
NK 店	大众点评	-278
YY 店	美团	0
JJ 店	美团	0
JH 店	大众点评	80
TJ 店	大众点评	323.3333
XH 店	大众点评	351.6667
…	…	…

从结果看，“NK 店”的平均满意度远远落后于其他门店，需要进一步核实具体原因，并开展整改工作。

“YY 店”和“JJ 店”比较特殊，平均满意度为 0 是因为美团平台上的消费者在点评时都没有撰写具体评价。

对于这 20 个平均满意度较差的门店，均需要再从消费者具体的点评内容着手，进行更深入的分析，找到消费者在哪些方面有所不满。

2. 数据对比维度

前面我们从全局维度掌握了数据整体情况，现在继续按数据对比维度进行分析。

（1）大众点评和美团两个平台的好评率对比。

在了解了全局数据后，我们需要通过不同类别数据间的对比，洞察存在的问题。前面已经分别查询了大众点评和美团平台上的门店数量及评价数量。

由于美团平台上的评价数量大幅少于大众点评上的评价数量，根据对比分析方法（见猴子·数据分析学院所著的《数据分析思维：分析方法和业务知识》一书），这种情况不能直接比较，所以这里用“好评率”作为对比的对象。

下面分别来查询和计算两个平台的好评率，这里又用到了子查询。

SQL 语句的书写方法如下。

- 大众点评的好评率

```
select
    平台,
    count(id) / (
        select
            count(id)
        from 评价表
        where
            平台 = '大众点评'
    ) as 好评率
from 评价表
where
    评价星级 > 3
    and 平台 = '大众点评';
```

- 美团的好评率

```
select
    平台,
    count(id) / (
        select
            count(id)
        from 评价表
        where
            平台 = '美团'
    ) as 好评率
from 评价表
where
    评价星级 > 3
    and 平台 = '美团';
```

查询结果如表 8.43 所示。

表 8.43　好评率结果

平台	好评率
大众点评	0.9777

平台	好评率
美团	0.9694

由此可见，两个平台的好评率都在 96% 以上（大众点评 97.8%，美团 96.9%），大众点评的好评率略高于美团的好评率。

（2）不同城市的门店数量、评价数量、平均星级分数对比。

接下来根据城市的分类对城市间的数据进行对比，由于评价相关数据在“评价表”中，城市相关的数据在“全国门店分布表”中，所以这里要用到多表连接。通过 left join（左连接）将两个表关联起来。

SQL 语句的书写方法如下：

```
select
    评价表.id,
    评价表.门店名称,
    全国门店分布表.城市,
    评价表.评价日期,
    评价表.评价星级
from 评价表
left join 全国门店分布表 on 全国门店分布表.门店名称 = 评价表.门店名称;
```

查询结果如表 8.44 所示。

表 8.44　各城市门店对比结果

id	门店名称	城市	评价日期	评价星级
1	YT 店	北京	2021/9/12	5
10	ZG 店	北京	2021/9/12	5
100	ZG 店	北京	2021/9/11	5
1000	SS 店	苏州	2021/9/3	5
1001	MK 店	无锡	2021/9/3	1
1002	XJ 店	南京	2021/9/3	1
…	…	…	…	…

我们可以将两个表连接后的结果保存为一个“虚拟表”，命名为“评价城市连接”，这样既可以保证原表的安全性，又方便后面对这个“虚拟表”的调用，因此将其保存为“视图”。

SQL 语句的书写方法如下：

```
create view 评价城市连接(id, 门店名称, 城市, 评价日期, 评价星级) as
select
    评价表.id,
    评价表.门店名称,
    全国门店分布表.城市,
    评价表.评价日期,
    评价表.评价星级
from 评价表
left join 全国门店分布表 on 全国门店分布表.门店名称 = 评价表.门店名称;
```

接着，就可以直接使用刚刚创建好的视图，查询出各个城市的门店数量和评价数量。

SQL 语句的书写方法如下：

```
select
    城市,
    count(distinct 门店名称),
    count(id)
from 评价城市连接
group by
    城市;
```

查询结果如表 8.45 所示。

表 8.45　各城市门店数量与评价数量对比结果

城市	门店数量	评价数量
三门峡	1	13
上海	5	229
信阳	1	13
北京	8	754
南京	1	127
安阳	4	174
…	…	…

将上述查询结果从数据库客户端（例如 Navicat）导入 Excel 中，使用 Excel 整理数据并对数据进行可视化，即绘制数据分布图表，如图 8.19 所示。

可以明显地看出，门店数量较多的城市是郑州、北京、无锡，评价数量较多的城市是北京、郑州、上海。其中，值得注意的有无锡、平顶山、郑州等城市，相比其拥有的门店数量，却并没有带来比较理想的评价数量，需要引起注意。

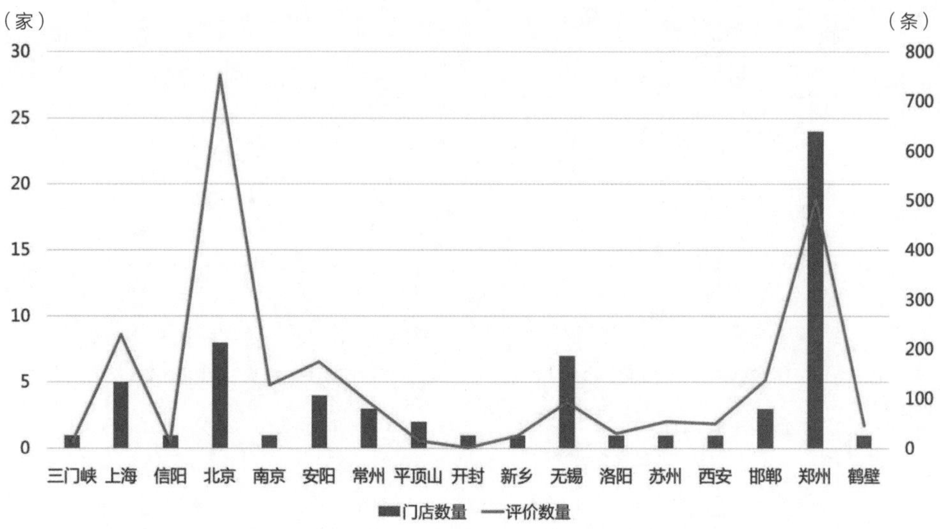

图 8.19 各城市门店数量与评价数量对比图

接下来分析各个城市的消费者对品牌的印象。消费者对品牌的印象可以通过对该城市所有门店评价的星级平均值来反映，即“该城市门店所有评价星级总和 / 该城市门店的评价数量”。下面查询各个城市门店的平均评价星级，并按照降序排列。

根据“城市”分组，统计每个城市门店的“平均星级”，同时也统计出每个城市门店总共有多少条评价，便于后期对数据进行对比分析。在输出结果时，按照评价星级降序输出。

SQL 语句的书写方法如下：

```
select
    城市,
    avg(评价星级) as 平均星级,
    count(id) as 评价数量
from 评价城市连接
group by
    城市
order by
    avg(评价星级) desc;
```

查询结果如表 8.46 所示。

表 8.46 各城市门店平均星级结果

城市	平均星级	评价数量
鹤壁	5	46
新乡	5	26
平顶山	5	15

续表

城市	平均星级	评价数量
三门峡	5	13
安阳	4.954	174
邯郸	4.9493	138
…	…	…

将上述查询结果从数据库客户端（例如 Navicat）导入 Excel 中，使用 Excel 整理数据并对数据进行可视化，如图 8.20 所示。

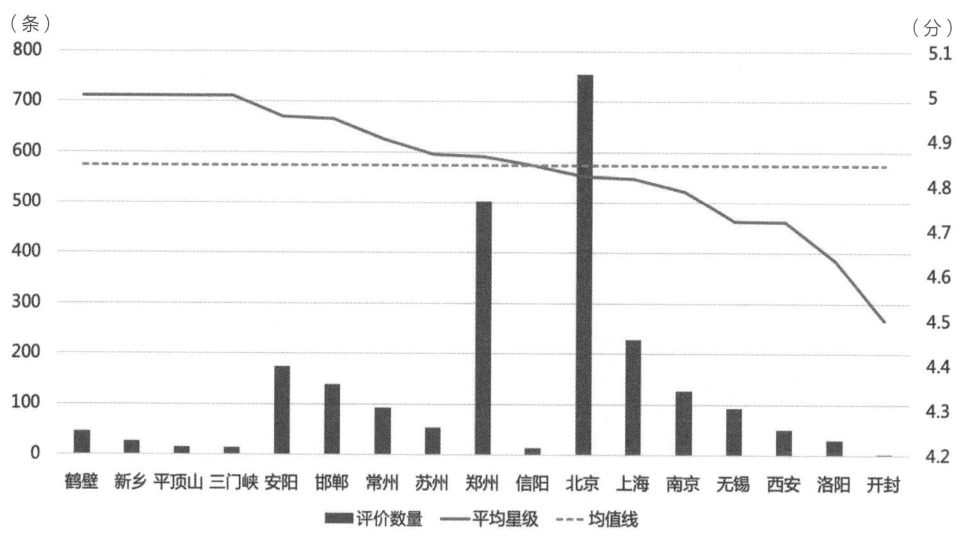

图 8.20　各城市门店平均星级图

在平均星级均值线之下的城市包括北京、上海、南京、无锡、西安等，找到这些城市后，就可以重点关注这些城市门店的低星级评价的内容。

（3）核心城市门店每日评价数量的趋势对比。

经过与业务同事沟通后知晓，品牌在北京、郑州、上海、南京 4 个城市的竞争较为激烈，被列为重点关注的城市。现在就分析一下这 4 个城市的门店每日评价数量的趋势情况。

为了分析每日评价数量的趋势，则需要对“评价日期”进行分组、排序，统计指定城市的“评价数量”。查询的数据则来源于刚刚构建的那个包括评价数据和城市数据的“虚拟表”，即“评价城市连接”。

SQL 语句的书写方法如下：

```
select 城市,
        评价日期,
```

```
        count(id) as 评价数量
from 评价城市连接
where 城市 in ('北京','郑州','上海','南京')
group by 城市,评价日期
order by 城市,评价日期 asc;
```

查询结果如表 8.47 所示。

表 8.47　核心城市每日评价数量

城市	评价日期	评价数量
上海	2021/9/1	23
上海	2021/9/2	14
上海	2021/9/3	17
上海	2021/9/4	19
上海	2021/9/5	27
上海	2021/9/6	15
…	…	…

将这 4 个城市每一天的评价数量（上述查询结果）绘制成折线图，如图 8.22 所示。

从图 8.21 中可以看出，南京门店 13 天的评价数量走势相对平稳，但数量也比较少。北京和郑州门店的评价数量走势相似，在 9 月 11 日后有比较明显的回落。

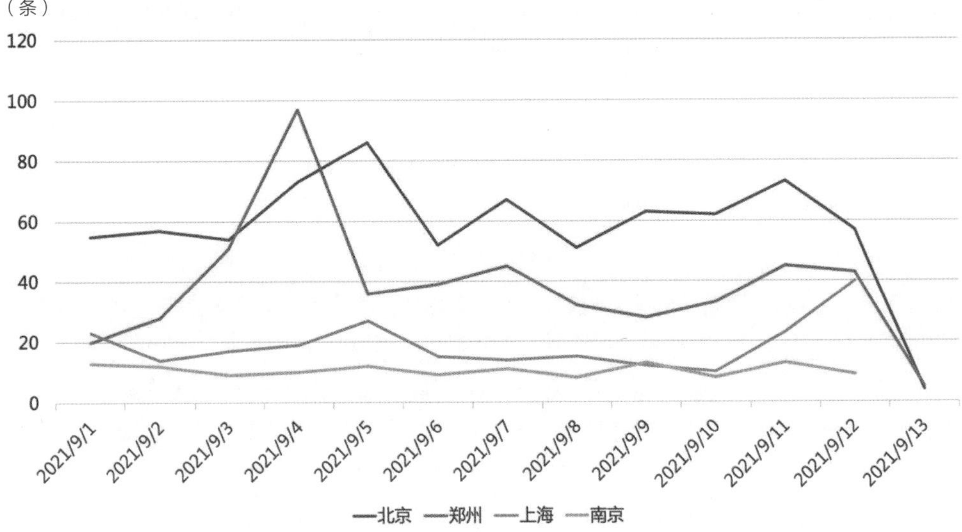

图 8.21　核心城市每日评价数量趋势图

8.4.3 提出建议

本案例分析了 2021 年 9 月 1 日至 9 月 13 日，分布在 17 个大、中、小城市的 65 家门店的评价数据，其在大众点评和美团上共有 2359 条评价数据。经过数据分析，有以下结论和建议。

（1）大众点评上的评价数量为 2065 条，美团上的评价数量为 294 条。在两大平台上的好评率分别是：大众点评 97.8%，美团 96.9%，通过与业务同事沟通，以及结合 3 个月前的分析结果可以得出这项指标符合预期。由于美团上的评价数量较少，建议适当减少在美团上邀约消费者的预算，将预算向大众点评倾斜。

（2）整体好评率为 97.67%，下一阶段的好评率目标设定范围建议为 97.5%~98%。

（3）NK 店、JH 店、TJ 店、XH 店整体的消费者满意度较低，尤其是 NK 店，平均满意度指标为负值，建议近期对 NK 店进行实地调研。

（4）分城市来看，郑州、北京、无锡的门店较多，依然是品牌的核心消费市场。在评价数量上，需要关注郑州、无锡、平顶山地区，建议开展营销活动，鼓励客户在消费后进行评价。

（5）各城市门店平均评价星级范围为 4.2 至 5.0，北京、上海、南京、无锡、西安等城市的平均评价星级在平均值以下，建议梳理出这些城市门店在 4.5 星级之下的评价内容，发送给上述地区的区域经理，逐条对照并进行反馈。

（6）在与竞品竞争较为激烈的 4 个城市中，北京和郑州两个城市门店的评价数量在 9 月 11 日之后出现较大幅度的下滑。建议对 9 月 11 日至 9 月 13 日的这两个城市各门店的客流量、收入等因素进行更进一步的分析，并在下一个分析周期注意观察趋势。

8.5 产品用户等级分析

【项目背景】

某金融科技公司正在调研注册用户质量，已知该公司用户体系一共有 3 个等级：1 级、2 级、3 级。用户每天的等级状态可能会升级也可能会降级，为了实时监控注册用户的质量，实现更好的用户质量监控，需要用 SQL 提取数据，制作用户等级升降监控体系。

【数据集介绍】

数据集来自某金融科技公司的“用户等级明细表”，包含 4 个字段。

- 日期：自然日时间。
- 用户 id：用户唯一标识码，每一个 id 对应一个用户。
- 用户名称：用户使用产品时的自定义昵称。
- 用户等级：根据用户消费情况分为 1 级、2 级和 3 级。

具体如表 8.48 所示。

表 8.48　用户等级明细表

日期	用户 id	用户名称	用户等级
2023-01-01	733	莲	1
2023-01-01	345346	小明	1
2023-01-01	12	UOUO	3
2023-01-01	345	小红	3
2023-01-01	574	小紫	1
2023-01-01	632	阿奔	2
2023-01-01	342	KK	1
2023-01-01	473	兰兰	1
2023-01-01	535	ANNA	2
2023-01-01	378	Haki	1
2023-01-01	99	Ben	2
2023-01-01	56	张三	1
2023-01-01	953	飞舞	3
2023-01-01	233	可可	2
2023-01-02	12	UOUO	2
2023-01-02	345	小红	3
2023-01-02	574	小紫	1
2023-01-02	632	阿奔	1
2023-01-02	342	KK	2
2023-01-02	473	兰兰	1
2023-01-02	345346	小明	2
2023-01-02	535	ANNA	3
2023-01-02	378	Haki	1
2023-01-02	99	Ben	2
2023-01-02	56	张三	1
2023-01-02	953	飞舞	3
2023-01-02	233	可可	1
2023-01-02	733	莲	2

【分析思路】

8.5.1 明确问题

（1）需要解决的问题。

该金融科技公司想要对注册用户搭建用户等级升降监控体系。

（2）业务情况。

用户每天的等级状态会随着用户活跃度更新。也就是说，如果用户使用产品时间越长，其相应等级越高，反之则越低。

（3）为什么要搭建用户等级升降监控体系。

构建用户等级升降监控体系有利于监控用户活跃度情况。同时，可针对不同等级用户，进行精细化运营。

根据上面对业务情况的了解，业务部门明确了搭建用户等级升降监控体系是要展示清楚每天的用户等级升降人数。最终应该得到类似表 8.49 所示的分析结果。

表 8.49 分析结果

日期	用户等级	等级不变人数	升级人数	降级人数	总人数
2023-01-02	1	4	0	2	6
2023-01-02	2	1	3	1	5
2023-01-02	3	2	1	0	3

8.5.2 分析原因

如何得到每天的用户等级升降人数呢？可以把这个问题拆解为下面几步。

（1）获取上次等级，方便对比分析。

（2）标记用户等级升降情况。

（3）汇总人数。

统计升级人数、降级人数、等级不变人数、总人数分别有多少人。

构建用户等级升降监控体系的基本思路为：首先，按照日期查询每一天不同用户等级的人数；其次，需要知道当前用户等级上升、下降及等级不变人数情况；最后，按照日期及用户等级从大到小进行排序。

对应的知识点分别是 lag() over(partition by order by) 语句、case when 表达式，以及排序语句 order by。

1. 获取上次等级，方便对比分析

这里想用用户现在登记的内容和上一次登记的内容进行对比。比如，表 8.48 中所示的用

户小明，1 月 1 日，他的用户等级是 1 级，到 1 月 2 日，他的用户等级变为 2 级。换句话说，1 月 2 日当天，小明这位用户应该被计入 2 级用户，而非 1 级用户。

为了方便比较用户等级变化，可以在表中增加一列“上次等级”，用于记录上一次的用户等级情况。具体如图 8.22 所示。

例如，图 8.22 中所示的小明有两条记录。第一条记录是 1 月 1 日，小明的用户等级是 1 级，上次等级是无（因为没有 1 月 1 日之前的数据）。

其后小明的第二条记录是 1 月 2 日，这一天小明的用户等级是 2 级。那么在这一行对应的列“上次等级”里标记为 1 级（也就是 1 月 2 日的上次等级是 1 月 1 日的 1 级）。

如何用 SQL 达到图 8.22 所示的效果呢，也就是在表中增加一列“上次等级”？

这其实是“连续出现 2 次问题”（见第 6 章 6.7 节的相关内容），要想到用偏移窗口函数 lead() 或者 lag()，语法如下：

```
lead( 列名 ,N, 默认值 ) over(partition by... order by...)

lag( 列名 ,N, 默认值 ) over(partition by... order by...)
```

默认值是指，当向上 *N* 行或者向下 *N* 行时，如果已经超出了表行和列的范围，则会将这个默认值作为函数的返回值，若没有指定默认值，则返回 null（空值）。

日期	用户id	用户名称	用户等级	上次等级
2023-01-01	12	UOUO	3	
2023-01-02	12	UOUO	2	3
2023-01-01	233	可可	2	
2023-01-02	233	可可	1	2
2023-01-01	342	KK	1	
2023-01-02	342	KK	2	1
2023-01-01	345	小红	3	
2023-01-02	345	小红	3	3
2023-01-01	345346	小明	1	
2023-01-02	345346	小明	2	1
2023-01-01	378	Haki	1	
2023-01-02	378	Haki	1	1
2023-01-01	473	兰兰	1	
2023-01-02	473	兰兰	1	1
...	...	...	...	...

图 8.22　获取上次等级

这里以 lag() 函数为例，获取“用户等级”列的上次等级，SQL 语句的书写方法如下：

```
select * ,
        lag( 用户等级 ,1,null) over(partition by 用户 id order by 日期 )
as 上次等级
from 用户等级明细表;
```

查询结果如图 8.23 所示，把该查询结果记为临时表 a。

用户等级明细表

日期	用户id	用户名称	用户等级
2023-01-01	733	莲	1
2023-01-01	345346	小明	1
2023-01-01	12	UOUO	3
2023-01-01	345	小红	3
2023-01-01	574	小紫	1
2023-01-01	632	阿奔	2
2023-01-01	342	KK	1
2023-01-01	473	兰兰	1
2023-01-01	535	ANNA	2
2023-01-01	378	Haki	1
2023-01-01	99	Ben	2
2023-01-01	56	张三	1
2023-01-01	953	飞舞	3
2023-01-01	233	可可	2
2023-01-02	12	UOUO	2
2023-01-02	345	小红	3
2023-01-02	574	小紫	1
2023-01-02	632	阿奔	1
2023-01-02	342	KK	2
2023-01-02	473	兰兰	1
2023-01-02	345346	小明	2
2023-01-02	535	ANNA	3
2023-01-02	378	Haki	1
2023-01-02	99	Ben	2
2023-01-02	56	张三	1
2023-01-02	953	飞舞	3
2023-01-02	233	可可	1
2023-01-02	733	莲	2

日期	用户id	用户名称	用户等级	上次等级
2023-01-01	12	UOUO	3	
2023-01-02	12	UOUO	2	3
2023-01-01	233	可可	2	
2023-01-02	233	可可	1	2
2023-01-01	342	KK	1	
2023-01-02	342	KK	2	1
2023-01-01	345	小红	3	
2023-01-02	345	小红	3	3
2023-01-01	345346	小明	1	
2023-01-02	345346	小明	2	1
2023-01-01	378	Haki	1	
2023-01-02	378	Haki	1	1
2023-01-01	473	兰兰	1	
2023-01-02	473	兰兰	1	1
...	...	...	...	...

图 8.23　获取上次等级

2. 标记用户等级升降情况

获取了上次等级，就可以对比用户等级的变化情况。对用户等级变化进行标记，也就是在表中增加 3 列，“等级不变”“升级”“降级”。标记规则如下。

- 如果“用户等级—上次等级 =0”，表示用户等级数不变，则在“等级不变”列标记为 1，否则标记为 0。
- 如果“用户等级—上次等级 >0”，表示用户等级数增加，是升级的，则在“升级”列标记为 1，否则标记为 0。
- 如果“用户等级—上次等级 <0”，表示用户等级数减少，是降级的，则在“降级”列标记为 1，否则标记为 0。

上面的标记规则其实是多条件判断。遇到多条件判断情况，你能想到用 SQL 的什么功能来实现?

多条件判断用 case 表达式来实现，SQL 语句的书写方法如下：

```
select 日期，用户 id，用户等级，上次等级，
        (case when 用户等级 = 上次等级 then 1 else 0 end) as 等级不变，
        (case when 用户等级 - 上次等级 >0 then 1 else 0 end) as 升级，
        (case when 用户等级 - 上次等级变动 <0 then 1 else 0 end) as 降级
from a;
```

查询结果如表 8.50 所示，把该查询结果记为临时表 b。

表 8.50 查询结果

日期	用户 id	用户名称	用户等级	上次等级	等级不变	升级	降级
2023-01-01	12	UOUO	3		0	0	0
2023-01-02	12	UOUO	2	3	0	0	1
2023-01-01	233	可可	2		0	0	0
2023-01-02	233	可可	1	2	0	0	1
2023-01-01	342	KK	1		0	0	0
2023-01-02	342	KK	2	1	0	1	0
2023-01-01	345	小红	3		0	0	0
2023-01-02	345	小红	3	3	1	0	0
2023-01-01	345346	小明	1		0	0	0
2023-01-02	345346	小明	2	1	0	1	0
2023-01-01	378	Haki	1		0	0	0
2023-01-02	378	Haki	1	1	1	0	0
2023-01-01	473	兰兰	1		0	0	0
2023-01-02	473	兰兰	1	1	1	0	0
…	…	…	…	…	…	…	…

3. 汇总人数

根据问题，我们想要的最终结果是如表 8.51 所示的查询结果，即统计等级不变人数、升级人数、降级人数、总人数分别有多少人，需要用到分组汇总。

按日期、用户等级分组（group by）、汇总（求和函数 sum()），得到等级不变人数、升级人数、降级人数、总人数。其中，总人数计算方式是 sum(等级不变 + 升级 + 降级)。

同时，加上 where 条件，把表 8.45 中“上次等级”里没有的数据去掉，SQL 语句的书写方法如下：

```
select 日期，用户等级，
  sum( 等级不变 ) as 等级不变人数，
  sum( 升级 ) as 升级人数，
  sum( 降级 ) as 降级人数，
  sum( 等级不变 + 升级 + 降级 ) as 总人数
from b
where 上次等级 is not null
group by 日期，用户等级；
```

把临时表 a、b 替换成对应 SQL（子查询）语句，最终 SQL 语句的书写方法如下：

```
select 日期,用户等级,
  sum(等级不变) as 等级不变人数,
  sum(升级) as 升级人数,
  sum(降级) as 降级人数,
  sum(等级不变+升级+降级) as 总人数
from
(
select 日期, 用户id,用户等级,上次等级,
(case when 用户等级=上次等级 then 1 else 0 end) as 等级不变,
(case when 用户等级-上次等级 >0 then 1 else 0 end) as 升级,
(case when 用户等级-上次等级变动 <0 then 1 else 0 end) as 降级
from
(
select * ,lag(用户等级,1,null) over(partition by 用户id order by 日期)
as 上次等级
from dev.用户等级明细表
) as a
) as b
where 上次等级 is not null
group by 日期,用户等级;
```

查询结果如表 8.51 所示。

表 8.51　查询结果表

日期	用户等级	等级不变人数	升级人数	降级人数	总人数
2023-01-02	1	4	0	2	6
2023-01-02	2	1	3	1	5
2023-01-02	3	2	1	0	3

8.5.3　提出建议

在日常工作中，我们经常会涉及对公司用户的相关分析，例如，用户分层、用户黏性洞察、用户付费率、用户质量分析、用户活跃度分析等。

本案例通过使用 SQL 中的 lag() 函数、case 表达式、分组汇总语句等帮助我们在实际业务中有效地构建用户等级升降监控体系，实现对用户等级升降情况的分析。

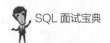

8.6 运营成本分析

【项目背景】

某外卖平台需要管理大量骑手。外卖平台将接到的每张订单分配给合适的骑手，但是骑手拥有拒单的权利。一般来说，外卖平台都是通过支付配送费让骑手接单并且完成履约的，从而保障平台的用户体验。具体业务图如图 8.24 所示。

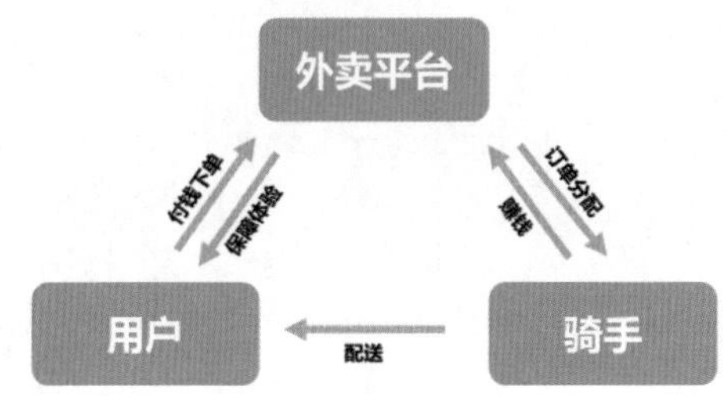

图 8.24　外卖配送业务图

但是，在极端恶劣天气、“爆单”、交通管制等特殊情况下，配送压力骤增，骑手的接单概率会严重下降，导致用户体验恶化。此时，平台将配送费调整到预算限制也无法使得某些订单被骑手接起，导致用户体验极差。

在这些极端情况下，外卖平台会进一步增加预算用于激励骑手接单，那么业务人员如何配置极端情况下的配送费预算呢?

【数据集介绍】

“外卖订单表”记录了 2021 年 9 月 1 日的 7599 张外卖订单的详细情况，如表 8.52 所示。

表 8.52　外卖订单表

订单号	订单付款时间	骑手是否接单	派单时配送压力	配送费
order00001	2021/9/1 12:22	0	0.99	10.33
order00002	2021/9/1 02:51	1	0.65	10.07
order00003	2021/9/1 13:47	1	0.58	11.35
order00004	2021/9/1 07:36	1	0.95	11.09
…	…	…	…	…

外卖订单表包含 5 个字段。

- 订单号：系统给每一个外卖订单生成的唯一标识。
- 订单付款时间：外卖订单的用户付款时间。
- 骑手是否接单：1 代表骑手接单；0 代表骑手未接单。

- 派单时配送压力：值为 0~1，值越大代表配送压力越大。
- 配送费：单位为元。

【分析思路】

8.6.1　明确问题

1. 业务目标

和业务人员沟通后，明确了业务方的目标是订单接单率不能低于 80%。

接单率指标定义为：接单率 = 接单量 / 总单量。

2. 整体认识：描述统计分析

在具体分析之前，需要计算整体接单率是多少。

在表 8.52 所示的“外卖订单表”中，“骑手是否接单”字段中值为 1 表示接单，那么对这个字段里值为 1 的进行计数，就可以得到接单量。

注意要去掉重复数据（用 distinct 关键字），接单量计算如下：

```
count(distinct case when 骑手是否接单 = 1 then 订单号 end)
```

对“订单号”字段计数就可以得到总单量，计算如下：

```
count(distinct 订单号 )
```

有了接单量、总单量，根据接单率 = 接单量 / 总单量，SQL 语句的书写方法如下：

```
select count(distinct case when 骑手是否接单 = 1 then 订单号 end)/
       count(distinct 订单号 ) as 接单率
from 外卖订单表 ;
```

查询结果如表 8.53 所示。

表 8.53　整体接单率

接单率
47%

从整体来看，接单率为 47% 和业务目标的 80% 有一定的距离。那么，是什么原因造成接单率低的呢?

8.6.2　分析原因

在表 8.52 所示“外卖订单表”中，字段“派单时配送压力”代表外卖配送时的压力。可以使用群组分析方法，分析不同配送压力下的接单率、配送费，找到接单率低的原因。

1. 群组分析：不同配送压力下的接单率

可以提出假设：派单时配送压力越大，骑手接单率越低。

验证假设：将订单按“派单时配送压力”进行分组，观测各个配送压力下的接单率。

SQL 语句的书写方法如下：

```
select 派单时配送压力，
       count(distinct case when 骑手是否接单 = 1 then 订单 end)/
count(distinct 订单号 ) as 接单率
from 外卖订单表
group by 派单时配送压力
order by 派单时配送压力；
```

查询结果如表 8.54 所示。

为了方便观察接单率随着配送压力如何变化，可以把上述查询结果从数据库中导出为 Excel 格式，然后用 Excel 绘制成折线图。操作方法如下。

表 8.54　不同配送压力下的接单率

派单时配送压力	接单率
0.01	95%
0.02	91%
0.03	94%
0.04	89%
…	…

步骤一：在菜单栏中单击“插入→二维折线图”命令，如图 8.25 所示。

图 8.25　折线图绘制步骤一

步骤二：选中新插入的折线图，在菜单栏中单击“图表设计→选择数据”命令，如图 8.26 所示。

图 8.26　折线图绘制步骤二

步骤三：在弹出的“选择数据源”对话框中，将“X 值”设为“派单时配送压力”数据，将“Y 值”设为“接单率”数据，如图 8.27 所示。

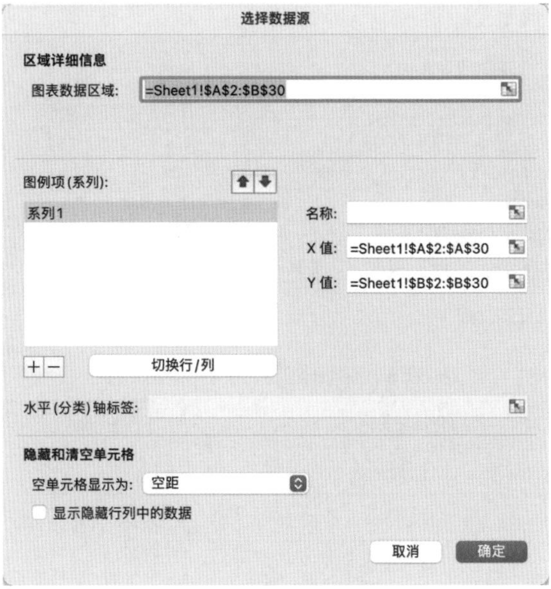

选择数据源

区域详细信息

图表数据区域: =Sheet1!$A$2:$B$30

图例项(系列):

系列1

名称:

X 值: =Sheet1!$A$2:$A$30

Y 值: =Sheet1!$B$2:$B$30

+ −　切换行/列

水平(分类)轴标签:

隐藏和清空单元格

空单元格显示为: 空距

显示隐藏行列中的数据

取消　确定

图 8.27　折线图绘制步骤三

可视化结果如图 8.28 所示。

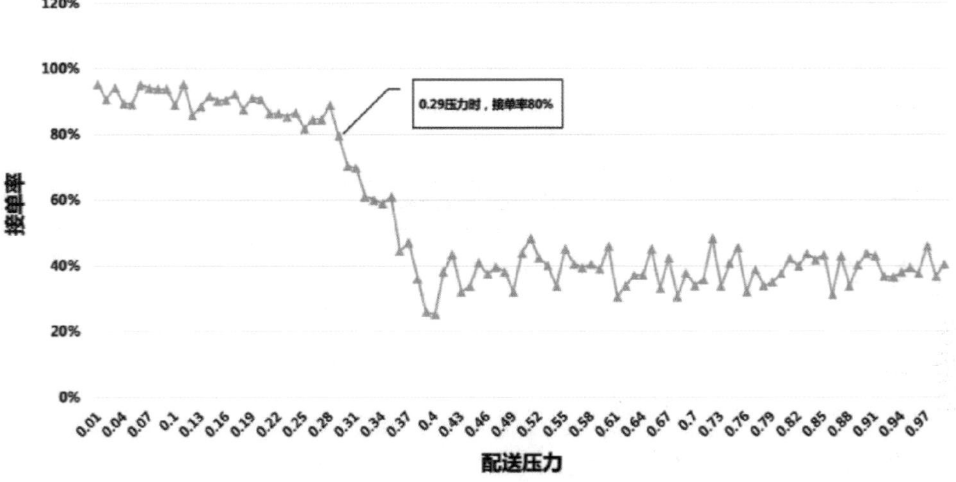

图 8.28　可视化结果

从图 8.28 中可以看出：

（1）随着配送压力的增加，接单率整体呈下降趋势，假设成立。

（2）当“派单时配送压力”达到 0.29 时，接单率为 80%，之后迅速下降。

2. 群组分析：不同配送压力下的配送费

将订单按“派单时配送压力”进行分组（group by 子句），获取各个配送压力下的平均配送费（求平均值函数 avg()）。

SQL 语句的书写方法如下：

```
select 派单时配送压力,
       avg(配送费) as 平均配送费
from 外卖订单表
group by 派单时配送压力
order by 派单时配送压力;
```

查询结果如表 8.55 所示。

表 8.55　不同配送压力下的平均配送费

派单时配送压力	平均配送费
0.01	4.88
0.02	5.04
0.03	5.16
0.04	5.19
…	…

为了方便观察接单率随着平均配送费如何变化，可以把上述查询结果从数据库中导出为 Excel 格式，在 Excel 中整理数据并绘制成折线图，效果如图 8.29 所示。

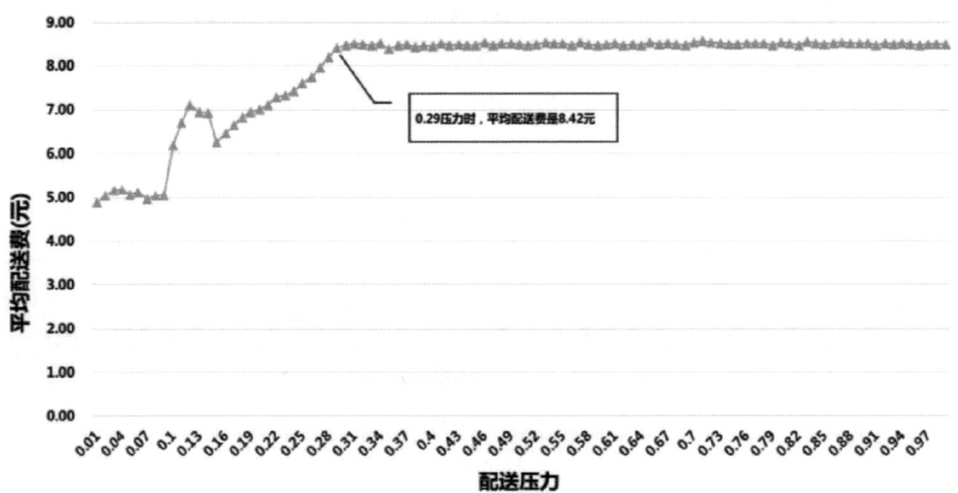

图 8.29　不同配送压力下的平均配送费折线图

从图 8.29 中可以看出：

（1）随着配送压力的增加，平均配送费呈上升趋势。

（2）当“派单时配送压力”达到 0.29 时，平均配送费达到 8.42 元，之后趋于平缓。

3. 分析总结

（1）整体接单率为 47%，与业务目标的 80% 差距大。

（2）随着配送压力的增加，接单率整体呈下降趋势；当配送压力达到 0.29 时，接单率为 80%，之后迅速下降。

（3）随着配送压力的增加，平均配送费呈上升趋势；当配送压力达到 0.29 时，平均配送费达到 8.42 元，之后趋于平缓。

那么，当配送压力大于 0.29 时，平均需要多少配送费才能保持 80% 接单率?

8.6.3 提出建议

当配送压力大于 0.29 时，平均需要多少配送费才能保持 80% 接单率? 这其实是一个数据预测问题，可以用回归分析方法来分析配送压力（记为 x）和平均配送费（记为 y）的关系。

因为配送压力在 0.01~0.29 时，接单率保持在 80% 以上。我们假设按此趋势继续上调配送费，可以保持接单率在 80% 以上。

1. 相关关系分析

使用一元线性回归分析方法，要判断配送压力在 0.01~0.29 时，配送压力（记为 x）和平均配送费（记为 y）有高度相关关系（相关系数≥ 0.6）才能使用。

将表 8.50 中的结果数据下载（可通过第三方工具，如 Navicat）至 Excel 中，使用 Excel 中的 CORREL() 函数计算。

CORREL(A2:A30,B2:B30) = 0.94

当配送压力在 0.01~0.29 时，配送压力与平均配送费的相关系数达到 0.94，呈高度相关关系。

2. 回归分析

在 Excel 中进行回归分析的步骤如下。

步骤一：绘制散点图。

（1）在菜单栏中单击“插入→散点图”命令。

（2）选中新插入的散点图，在菜单栏中单击“图表设计→选择数据”命令。

（3）将“X 值”设为“派单时配送压力”数据，将“Y 值”设为“平均配送费”数据。数据范围只选择“派单时配送压力”在 0.01~0.29 时的数据，最终效果如图 8.30 所示。

步骤二：添加趋势线及回归公式。

（1）用鼠标右击散点，在弹出的快捷菜单中选择“添加趋势线”命令。

（2）弹出“设置趋势线格式”，在“趋势线选项”中，选择“线性”单选项，并勾选“显示公式”和“显示 R 平方值”复选框，如图 8.31 所示。

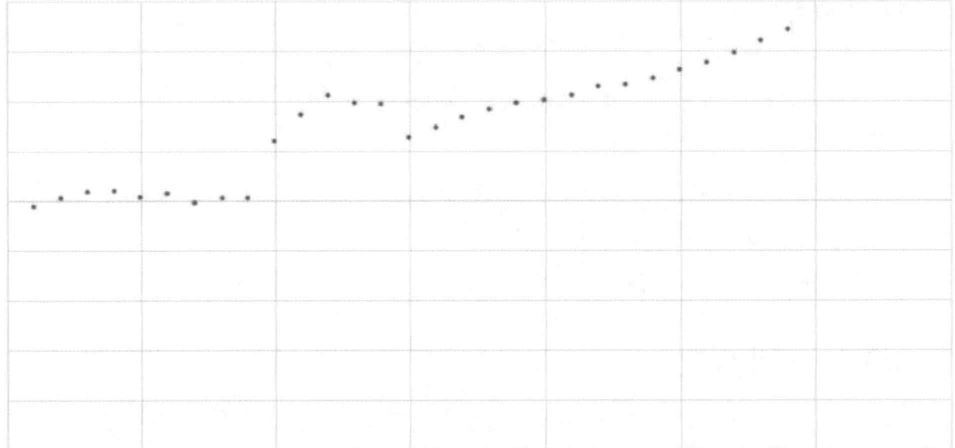

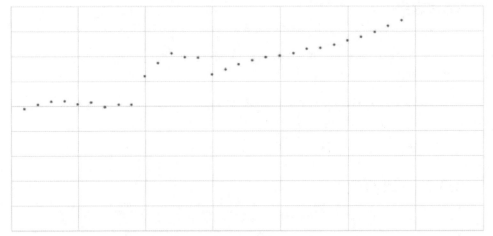

图 8.30　配送压力与平均配送费散点图

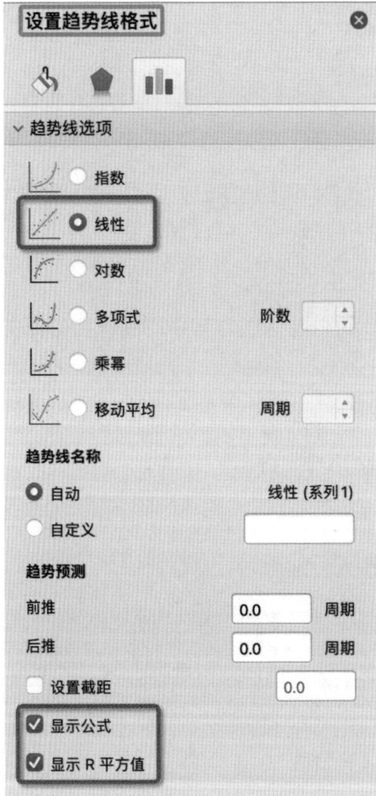

图 8.31　添加趋势线

（3）得到如图 8.32 所示的公式，也就是 y（平均配送费）=12.243x（派单时配送压力）+4.6639。

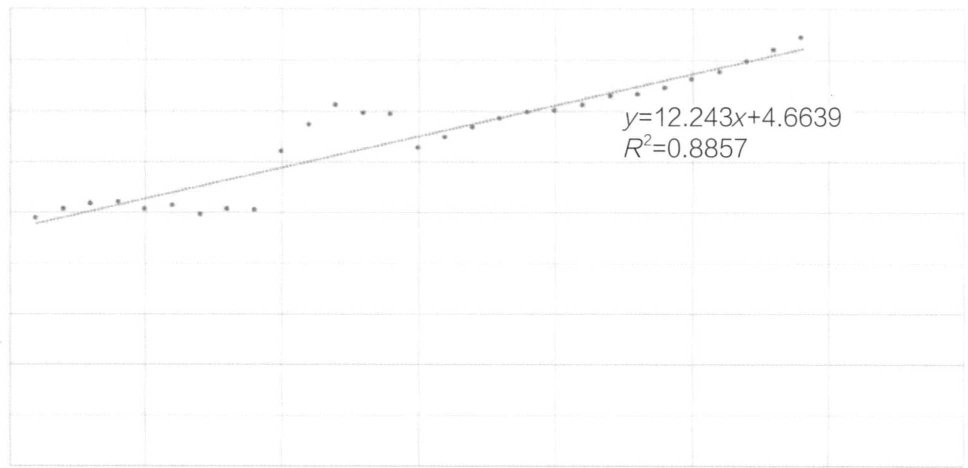

图 8.32 含趋势线的散点图

3. 具体建议

- 当配送压力为 0.01~0.29 时，配送压力与平均配送费的相关系数达到 0.94，高度相关。
- 当配送压力大于 0.29 时，配送费按配送压力在 0.01~0.29 时的趋势继续上调，即按下面的公式设置配送费可以使得整体接单率保持在 80% 以上。

$$y\text{（平均配送费）} = 12.243\,x\text{（派单时配送压力）} + 4.6639$$

8.7 运营效果分析

【项目背景】

某电商公司从合作的“红人”处获取了一批红人商品图，计划使用红人商品图替换普通商品图。运营人员选择其中一个商品进行测试，商品的 SKU（Stock Keeping Unit，最小存货单位）是 skusass0719583，换图时间为 5 月 27 日，那么该如何评估换图后的效果呢?

【数据集介绍】

本案例使用到“商品流水表”，表中记录了 5 月 23 日—5 月 31 日的商品销售情况汇总数据，每个商品每天只有一条数据，记录了该商品当天的各项指标和，如表 8.56 所示。

表 8.56　商品流水表（部分展示）

dt	sku	cate	onsale_time	pv	uv	cart_uv	sales_amt	sales_cnt
20200516	skueatsh070930479	品类A	2019-11-08	2147500	18900	600	1410	100
20200516	skutee071223024	品类B	2020-02-27	2095200	20600	1200	869	100
20200516	skutwop072107951	品类C	2020-04-25	5592000	149900	4500	10578	200
20200516	skupants071107553	品类D	2020-01-03	1553300	15000	500	0	0
20200516	skuouter0707081	品类E	2019-09-07	3236800	38700	300	0	0
20200516	skujumpsui0711474	品类F	2020-01-17	1476500	28100	1100	0	0
20200516	skudress0710864	品类G	2019-11-26	2172900	37200	500	4949	100

字段说明如表 8.57 所示。

表 8.57　字段说明

字段名	字段类型	字段解释
dt	varchar	时间分区
sku	varchar	商品的 SKU
cate	varchar	商品的品类
onsale_time	varchar	商品上架时间
pv	bigint	当天商品 PV 值
uv	bigint	当天商品 UV 值
cart_uv	bigint	当天商品加购物车 UV 值
sales_amt	bigint	当天该商品的销售额，单位为元
sales_cnt	bigint	当天该商品的销量

【分析思路】

8.7.1　明确问题

1. 明确活动目标

每个运营活动都会有自己的产出目的，而达成这个目的就需要投入一定的资源，所以评估一个活动的效果，就是评估这个活动的投入和产出比。

本案例中使用红人商品图来替代普通商品图，目的是利用红人效应来提高商品的销售水平。而为达到目的投入的资源包括：与红人合作的费用；换图的人力和时间成本。本案例中暂不考虑与红人的合作费用。

2. 梳理分析指标

明确了活动目的后，我们需要用指标来量化活动目的。一般而言，活动分析指标可以分为 3 个部分：目的指标、中间指标和控制指标。

目的指标（也叫一级指标）是指活动希望提升的指标。经过和业务人员沟通，业务部门希望提高商品的 UV（Unique Visitor，独立访客）产出能力，所以目的指标是 UV 产出。

中间指标（也叫二级指标）是指通过活动希望影响的指标，而且中间指标紧密影响着目的指标。在本案例中，换图直接影响的是用户点击商品的欲望，因此中间指标是商品点击率。

控制指标是指用来帮助控制活动力度的指标。运营活动在提升目的指标的同时，往往会引起控制指标的下降。例如，“双十一”促销活动，通过提高优惠力度来提高转化率（目的指标），必然会引起订单毛利率（控制指标）下降，设定毛利率门槛可以有效控制活动的优惠力度。在本案例中不涉及控制指标，如图 8.33 所示。

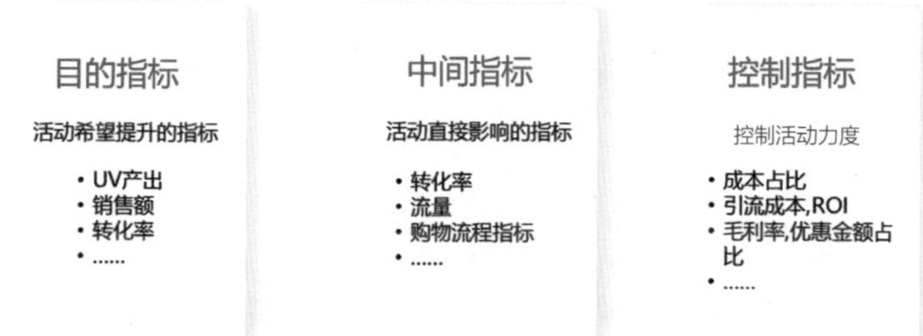

图 8.33　活动分析指标示例

因此，在本案例中我们同时选择 UV 产出、点击率这两个指标来综合衡量活动效果。

3. 选择分析方法

有了分析指标以后，我们如何判断衡量活动目的的指标是否有提升呢？

本案例因为涉及对比换图前后的效果，所以选择使用对比分析法，一般而言，在对比分析法中对比的方向有 3 个。

（1）和目标对比：一般而言，每个活动都会有具体的 KPI（Key Performance Indicator，关键绩效指标），因此活动达成率是比较常用的评估指标。

（2）和“自己”对比：就是横向时间对比，即看活动后相比活动前指标是否有提升。横向时间对比无法排除时间因素的影响，即无法证明活动后的提升是由活动带来的，还是时间轴上的自然提升，因此需要引入参照物对比，降低时间因素的干扰。

（3）和参照物对比：对照组没有进行过运营活动的干预，因此对照组活动前后的指标变化就是自然变化，和对照组对比可以降低时间变化的影响，提高结论的准确性。

除和目标对比外，一般有一套常用的对比框架，如图 8.34 所示。

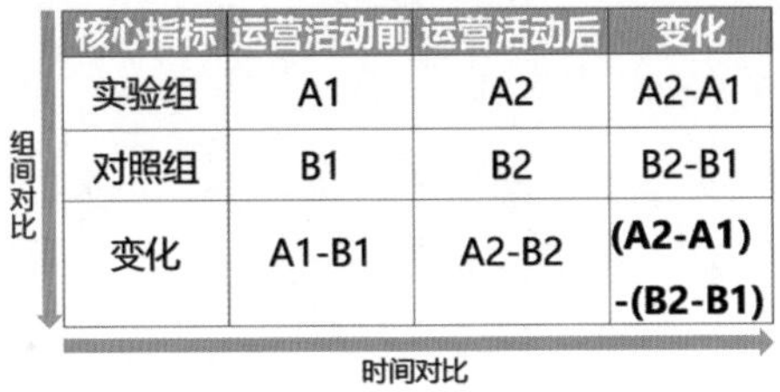

核心指标	运营活动前	运营活动后	变化
实验组	A1	A2	A2-A1
对照组	B1	B2	B2-B1
变化	A1-B1	A2-B2	(A2-A1) -(B2-B1)

组间对比

时间对比

图 8.34　对比分析法

运营活动结束后，实验组指标变化为 A2–A1，而对照组没有进行运营干预，指标变化为 B2–B1，这属于自然变化。此时运营活动实际产生的指标变化应该为 (A2–A1) - (B2–B1)。

回到本案例中，参照图 8.34。

对比时间：换图时间为 5 月 27 日，因此我们可用“5.28—5.31”（换图后）期间的数据对比“5.23—5.26”（换图前）期间的数据。

对照组：比较对象选取的原则是控制变量，即两者除了运营活动这一变量，其他变量尽可能相似。跟业务人员沟通后，得知实验组选择其中一个商品（SKU 为 skusass0719583）进行测试，该 SKU 属于品类 G，则对照组商品也应选择品类 G 的。

此外，价格、商品上架时间也会对结果产生影响，所以也要保证对照组和换图商品有相似的价格和相同上新时间。综上所述，我们可以梳理出基本的分析框架，如表 8.58 所示。

表 8.58　分析框架

维度 1	维度 2	指标 1	指标 2
实验组	5.23—5.26	点击率	UV 产出
实验组	5.28—5.31	点击率	UV 产出
对照组	5.23—5.26	点击率	UV 产出
对照组	5.28—5.31	点击率	UV 产出

8.7.2　分析原因

1. 按照梳理好的分析框架进行取数

（1）获取实验组的分析指标。

①测试的商品 SKU 为 skusass0719583，且我们只需要“5.23—5.26”（换图前）和“5.28—5.31”（换图后）这两个时间区间的数据，因此使用 where 语句进行筛选。SQL 语句的书写方法如下：

```
select *
from 商品流水表
where sku = 'skusass0719583'
and (
    (dt between '20200523' and '20200526') or
    (dt between '20200528' and '20200531')
);
```

查询结果如表 8.59 所示。

表 8.59　实验组结果

dt	sku	cate	onsale_time	pv	uv	cart_uv	sales_amt	sales_cnt
20200523	skudress0719583	品类G	2020-01-30	27497600	1383800	52500	239305	5000
20200524	skudress0719583	品类G	2020-01-30	25857200	1251500	44500	92031	2000
20200525	skudress0719583	品类G	2020-01-30	30393000	1545200	62900	186453	3900
20200526	skudress0719583	品类G	2020-01-30	14568300	786200	20000	45817	1000
20200528	skudress0719583	品类G	2020-01-30	22561800	1272100	63900	146771	3000
20200529	skudress0719583	品类G	2020-01-30	18716300	1030200	43300	127926	2700
20200530	skudress0719583	品类G	2020-01-30	21626800	1150600	49200	141363	2900
20200531	skudress0719583	品类G	2020-01-30	30108900	1585200	72600	157122	3300

②现在我们需要在第①步的查询结果中，新增一列标记出换图后或换图前，方便后面进行对比分析，如图 8.35 所示。

dt	sku	cate	onsale_time	pv	uv	cart_uv	sales_amt	sales_cnt	
20200523	skudress0719583	品类G	2020-01-30	27497600	1383800	52500	239305	5000	换图前
20200524	skudress0719583	品类G	2020-01-30	25857200	1251500	44500	92031	2000	
20200525	skudress0719583	品类G	2020-01-30	30393000	1545200	62900	186453	3900	
20200526	skudress0719583	品类G	2020-01-30	14568300	786200	20000	45817	1000	
20200528	skudress0719583	品类G	2020-01-30	22561800	1272100	63900	146771	3000	换图后
20200529	skudress0719583	品类G	2020-01-30	18716300	1030200	43300	127926	2700	
20200530	skudress0719583	品类G	2020-01-30	21626800	1150600	49200	141363	2900	
20200531	skudress0719583	品类G	2020-01-30	30108900	1585200	72600	157122	3300	

图 8.35　换图前后

可以使用 case 表达式按条件进行判断，并将 case 表达式结果用 as 命名为列名 time_tag。SQL 语句的书写方法如下：

```
select *,
(case when dt between '20200523' and '20200526' then '换图前'
     else '换图后'
end) as time_tag
from 商品流水表
where sku = 'skusass0719583'
and (
(dt between '20200523' and '20200526') or
(dt between '20200528' and '20200531')
);
```

查询结果如表 8.60 所示。

表 8.60　换图前后查询结果

dt	sku	cate	onsale_time	pv	uv	cart_uv	sales_amt	sales_cnt	time_tag
20200523	skudress0719583	品类G	2020-01-30	27497600	1383800	52500	239305	5000	换图前
20200524	skudress0719583	品类G	2020-01-30	25857200	1251500	44500	92031	2000	换图前
20200525	skudress0719583	品类G	2020-01-30	30393000	1545200	62900	186453	3900	换图前
20200526	skudress0719583	品类G	2020-01-30	14568300	786200	20000	45817	1000	换图前
20200528	skudress0719583	品类G	2020-01-30	22561800	1272100	63900	146771	3000	换图后

续表

dt	sku	cate	onsale_time	pv	uv	cart_uv	sales_amt	sales_cnt	time_tag
20200529	skudress0719583	品类G	2020-01-30	18716300	1030200	43300	127926	2700	换图后
20200530	skudress0719583	品类G	2020-01-30	21626800	1150600	49200	141363	2900	换图后
20200531	skudress0719583	品类G	2020-01-30	30108900	1585200	72600	157122	3300	换图后

③计算衡量效果的指标 UV 产出和点击率。

因为要分别计算出换图前后的指标，所以，按“time_tag”列分组，汇总计算出点击率和UV 产出。SQL 语句的书写方法如下：

```
select '实验组' as group_tag,
   case when dt between '20200523' and '20200526' then '换图前'
   else '换图后' end as time_tag,
   sum(uv)/sum(pv) as "点击率",
   sum(sale_amt)/sum(uv) as "UV产出"
from 商品流水表
where sku = 'skusass0719583'
and (
     (dt between '20200523' and '20200526') or
     (dt between '20200528' and '20200531')
)
group by 1, 2;
```

此时我们便可得到实验组的点击率和 UV 产出，如表 8.61 所示。

表 8.61　换图前后实验组的点击率和 UV 产出

group_tag	time_tag	点击率	UV 产出
实验组	换图前	0.0505	0.1135
实验组	换图后	0.0542	0.1138

（2）获取对照组的分析指标。

获取对照组数据的关键在于筛选出满足条件的 SKU。对照组的 SKU 需要满足以下条件。

- 商品品类（cate）为“品类 G”。
- 上新时间（onsale_time）和实验组的 SKU 一样，都是“2021-01-30”。
- 商品售价和实验组的 SKU 接近（通过计算得出）。

实验组商品 skusass0719583 售出均价为 48 元，因此可以规定对照组售出均价为

43~53 元，其中售出均价 = sum（sales_amt）/ sum（sales_cnt））。

①首先使用 where 语句筛选出品类为“品类 G”且上新时间在“2021-01-30”的数据，并排除商品 skusass0719583。SQL 语句的书写方法如下：

```
select *
from 商品流水表
where cate = '品类G'
and onsale_time = '2020-01-30'
and sku <> 'skusass0719583';
```

查询结果如表 8.62 所示。

表 8.62　查询结果

dt	sku	cate	onsale_time	pv	uv	cart_uv	sales_amt	sales_cnt
20200529	skudress071216047	品类G	2020-01-30	2134800	102100	4600	21356	500
20200530	skudress071216047	品类G	2020-01-30	2602000	113600	7400	68472	1500
20200518	skudress071216047	品类G	2020-01-30	9731700	341600	18400	68937	1500
20200528	skudress071216047	品类G	2020-01-30	1028800	50200	1700	7868	200
20200526	skudress071216047	品类G	2020-01-30	7145500	293100	16200	89361	2100
…	…	…	…	…	…	…	…	…

②按照商品的 SKU 分组，使用 having 语句筛选售出均价在 43~53 元的商品，如图 8.36 所示。

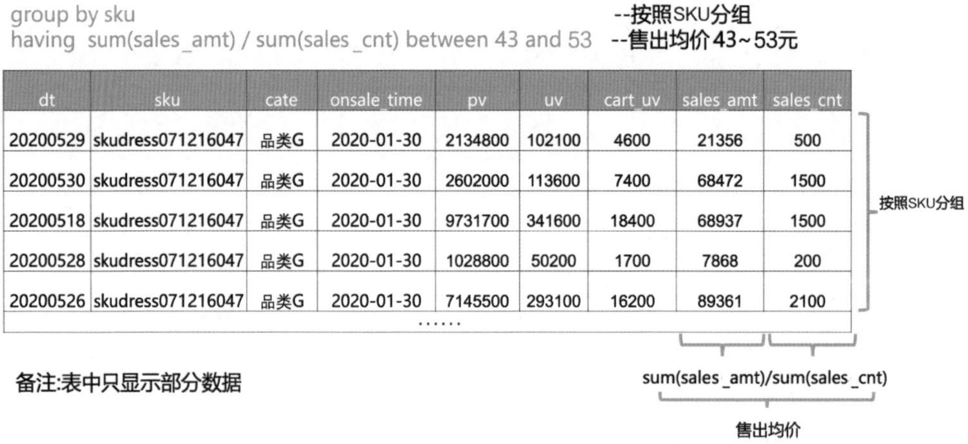

```
group by sku                                                  --按照SKU分组
having  sum(sales_amt) / sum(sales_cnt) between 43 and 53    --售出均价43~53元
```

dt	sku	cate	onsale_time	pv	uv	cart_uv	sales_amt	sales_cnt
20200529	skudress071216047	品类G	2020-01-30	2134800	102100	4600	21356	500
20200530	skudress071216047	品类G	2020-01-30	2602000	113600	7400	68472	1500
20200518	skudress071216047	品类G	2020-01-30	9731700	341600	18400	68937	1500
20200528	skudress071216047	品类G	2020-01-30	1028800	50200	1700	7868	200
20200526	skudress071216047	品类G	2020-01-30	7145500	293100	16200	89361	2100
……								

按照SKU分组

sum(sales_amt)/sum(sales_cnt)

售出均价

备注:表中只显示部分数据

图 8.36　按价格筛选 SKU

SQL 语句的书写方法如下：

```
select sku
from 商品流水表
where cate = 'Dresses'
and onsale_time = '2020-01-30'
and sku <> 'skusass0719583'
group by 1
having sum（sales_amt）/sum（sales_cnt） between 43 and 53;
```

查询结果如表 8.67 所示。

表 8.67　查询结果

sku
skudress071216047
skudress0719563

③获取到实验组的商品 SKU 后，我们使用与获取实验组的分析指标相同的方法，即可得到对照组的点击率和 UV 产出。SQL 语句的书写方法如下：

```
select '对照组' as group_tag,
    case when dt between '20200523' and '20200526' then '换图前'
    else '换图后' end as time_tag,
    sum（uv）/sum（pv） as 点击率,
    sum（sales_amt）/sum（uv） as UV产出
from 商品流水表
where sku in （'skusass071216047', 'skusass0719563'）
and （
    （dt between '20200523' and '20200526'） or
    （dt between '20200528' and '20200531'）
）
group by 1, 2;
```

查询结果如表 8.68 所示。

表 8.68　换图前后对照组的点击率和 UV 产出

group_tag	time_tag	点击率	UV 产出
对照组	换图前	0.0326	0.2167
对照组	换图后	0.0307	0.2037

2. 整理数据，分析效果

我们将获取的数据进行整理，并计算实验组和对照组换图前后指标的变化情况，如图 8.37 所示。

group_tag	time_tag	点击率	UV产出
实验组	换图前	0.0505	0.1135
实验组	换图后	0.0542	0.1138
	diff	0.0037	0.0003

group_tag	time_tag	点击率	UV产出
对照组	换图前	0.0326	0.2167
对照组	换图后	0.0307	0.2037
	diff	-0.0019	-0.013

图 8.37　实验组和对照组情况

通过对比，我们发现：

（1）实验组换图后，点击率和 UV 产出均有明显提升，点击率提升了 0.0037，UV 产出提升了 0.0003。

（2）对照组换图后，点击率和 UV 产出前后的变化为 -0.0019 和 -0.013。0.0037>-0.0019 且 0.0003>-0.013，即活动换图后总体的点击率和 UV 产出都有明显的提升，所以这个运营活动是有效的。

此案例没有涉及预算数据，投入的资源为换图花费的时间资源，因此我们可以认为投入产出比是合理的。

8.7.3　提出建议

（1）增加换图商品的数量进行进一步的测试，若后续测试结果偏正向，则可以将更换红人商品图纳入常规商品配置流程，以提高总体产出。

（2）增加与红人的合作方式，获取和测试更多拍摄资源。

（3）评估活动效果的本质就是，在投入产出比合理的情况下，评估活动是否有效。

评估活动效果可以分为以下 5 步。

（1）明确活动内容和目的。

（2）梳理可以量化活动目标的分析指标。

（3）选择合适的对比方法。

（4）获取分析结果。

（5）同步结果和建议，并持续跟进。

8.8　市场投放分析

【项目背景】

一家游戏公司开发了一款休闲类游戏 App，该 App 采用广告变现的方式回收成本。也就是说，玩家在游戏 App 中成功观看广告，公司即可获得广告收益。广告收益计算公式如下：

广告收益 = 广告人均展示次数 × 活跃用户数 ×ECPM/1000

公式中指标含义如下。

- 广告人均展示次数：表示玩家在 App 中成功观看广告的平均次数。
- 活跃用户数：表示在规定时间区间内（如一天内），成功打开 App 的不重复用户数。
- ECPM（Effective Cost Per Mille）：表示广告展示一千次可以获得的有效收益，代表广告所具有的价值，该指标由广告平台决定。

根据广告收益计算公式，我们可以清楚地看到，在广告价值即 ECPM 值稳定的情况下，广告人均展示次数越多，活跃用户数越多，所获得的广告收益就越多。

游戏公司最近发现该款 App 的广告人均展示次数大幅下降，使得收益大幅下降。现需要根据详细的玩家数据，找出广告人均展示次数大幅下降的原因。

【数据集介绍】

本案例中存在两个数据集，一个数据集记录着该游戏 App 运营期间的总体数据，名为“总体数据表”。截取的部分数据如表 8.69 所示。

其中：

- 广告人均展示次数 = 每个用户的广告展示次数之和 / 用户数。
- 人均日使用时长 = 每个用户的日使用时长之和 / 用户数。

表 8.69　总体数据表

日期	新增用户数（人）	活跃用户数（人）	人均日使用时长（min）	广告人均展示次数	广告 ECPM（元）	广告收益（元）
2021-08-18	172	300	22.20min	11.85	62.78	223
2021-08-19	205	367	24.73min	14.41	60.52	320
2021-08-20	125	312	19.31min	10.59	61.00	201
2021-08-21	97	242	17.63min	8.75	63.43	134
2021-08-22	106	257	18.90min	7.86	62.65	125
2021-08-23	119	262	19.19min	9.77	61.78	158

另一个数据集是 2021 年 8 月 18 日至 8 月 23 日记录的详细玩家数据，取自游戏后台数据库。数据集名为“玩家行为记录表”。“玩家行为记录表”的每一行数据为玩家每一次操作触发的事件记录。该数据集有数十万条数据记录，数据量庞大，在此仅截取部分数据进行展示。截取的部分数据如表 8.70 所示。

表 8.70 玩家行为记录表

用户 ID	会话 时间戳	会话 持续时间 （ms）	事件名称	首次登录时间戳
937d1c2de43598944	1629245863223	987849	Game_Shop	1629245863223
937d1c2de43598944	1629253851703	81939	Game_BoxOpen	1629245863223
937d1c2de43598944	1629253943547	349470	Ads_Show_ Success	1629245863223
952f15e19e0169630	1629242268400	667609	Game_Boxes	1629241740142
952f15e19e0169630	1629244472219	302256	Game_Skill03	1629241740142
952f15e19e0169630	1629244472219	302256	Ads_Show_ Success	1629241740142
952f15e19e0169630	1629245191177	36300	Player	1629241740142
a7c31587c54249aff	1629275728782	820580	Game_Merge	1629217217723
a7c31587c54249aff	1629294907557	0	Flurry. EmptySession	1629217217723
…	…	…	…	…

各字段的含义如下。

- 用户 ID：用于唯一标识玩家。
- 会话时间戳：玩家启动 App 产生会话的时间，可转换为日期时间格式。
- 会话持续时间（ms）：玩家启动 App 后一次会话持续的时长，单位为毫秒（ms）。
- 事件名称：玩家在会话过程中触发某种事件的事件名称，其中“Ads_Show_Success”表示广告展示成功。
- 首次登录时间戳：玩家首次登录 App 的时间，可转换为日期时间格式。

【分析思路】

8.8.1 明确问题

从“总体数据表”中可以发现，广告 ECPM 的值波动较小，相对稳定，而广告人均展示次数从 2021 年 8 月 21 日到 8 月 23 日有大幅下降，导致广告收益在此期间下降，如图 8.38 所示。

因此，要解决的业务问题为：为什么广告人均展示次数在 8 月 21 日—8 月 23 日大幅下降?

总体数据表

日期	新增用户数（人）	活跃用户数（人）	人均日使用时长（min）	广告人均展示次数	广告 ECPM（元）	广告收益（元）
2021-08-18	172	300	22.20	11.85	62.78	223
2021-08-19	205	367	24.73	14.41	60.52	320
2021-08-20	125	312	19.31	10.59	61.00	201
2021-08-21	97	242	17.63	8.75	63.43	134
2021-08-22	106	257	18.90	7.86	62.65	125
2021-08-23	119	262	19.19	9.77	61.78	158

图 8.38　“总体数据表”收益下降

8.8.2　分析原因

1. 提出假设

首先，我们需要知道，广告人均展示次数的变化与哪些因素有关。一般来说，玩家使用 App 的时间越长，观看广告的概率越高，广告展示次数也就越多。

对此游戏 App 而言，广告人均展示次数与人均日使用时长紧密相关，这从“总体数据表”中就可以看出来，如图 8.39 所示。

总体数据表

日期	新增用户数（人）	活跃用户数（人）	人均日使用时长（min）	广告人均展示次数	广告 ECPM（元）	广告收益（元）
2021-08-18	172	300	22.20	11.85	62.78	223
2021-08-19	205	367	24.73	14.41	60.52	320
2021-08-20	125	312	19.31	10.59	61.00	201
2021-08-21	97	242	17.63	8.75	63.43	134
2021-08-22	106	257	18.90	7.86	62.65	125
2021-08-23	119	262	19.19	9.77	61.78	158

人均日使用时长越短，
广告人均展示次数越少

图 8.39　人均日使用时长与广告人均展示次数的关系

我们可以使用回归分析方法，对人均日使用时长和广告人均展示次数的关系进行分析（可以把数据导出为 Excel 格式，然后用 Excel 分析。也可以通过 Python 连接数据库，用 Python 进行分析），如图 8.40 所示。

可以看到，人均日使用时长和广告人均展示次数的相关系数是 0.94（R^2=0.8782），这说明两者是高度正相关关系，也就是人均日使用时长越短，广告人均展示次数越少。

那么，人均日使用时长的变化又与什么因素有关呢？

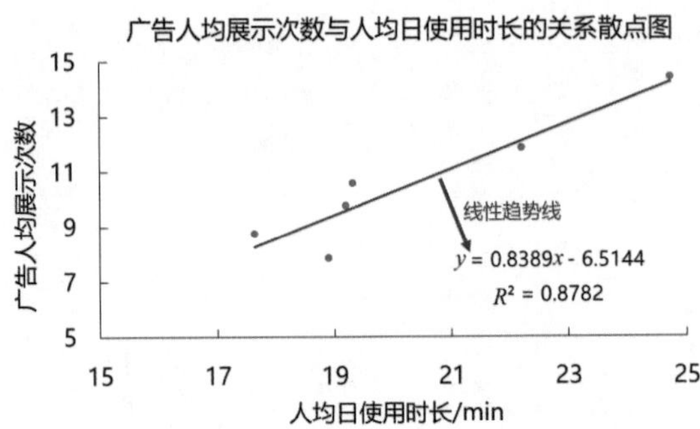

图 8.40　广告人均展示次数与人均日使用时长的关系散点图

我们再观察一下“总体数据表”的新增用户数、活跃用户数与人均日使用时长的关系，如图 8.41 所示。

总体数据表

日期	新增用户数（人）	活跃用户数（人）	人均日使用时长（min）	广告人均展示次数	广告 ECPM（元）	广告收益（元）
2021-08-18	172	300	22.20	11.85	62.78	223
2021-08-19	205	367	24.73	14.41	60.52	320
2021-08-20	125	312	19.31	10.59	61.00	201
2021-08-21	97	242	17.63	8.75	63.43	134
2021-08-22	106	257	18.90	7.86	62.65	125
2021-08-23	119	262	19.19	9.77	61.78	158

图 8.41　人均日使用时长与新增用户数、活跃用户数的关系

可以看到，新增用户数越少，活跃用户数越少，人均日使用时长越短。而每天的活跃用户由当日的新增用户和之前的老用户组成。也就是说，新、老用户数影响了广告人均展示次数。

由此，我们可以大胆提出假设：是新、老用户数的变化使得 2021 年 8 月 18 日至 8 月 23 日广告人均展示次数大幅下降。

2. 验证假设

利用 SQL 查询语句分别计算每日新、老用户的人均日使用时长和广告人均展示次数。具体步骤如下。

（1）转换时间戳格式。

通过“玩家行为记录表”中的“会话时间戳”和“首次登录时间戳”字段可进行日期的判断。但是，表中的“首次登录时间戳”和“会话时间戳”为时间戳格式，时间精确到了毫秒，无法直接进行判断，我们需要将其转换成日期格式。

如何将时间戳格式转换成日期格式呢？

使用 from_unixtime() 函数就可以实现。from_unixtime() 函数为时间戳转换函数，可以将时间戳转换成直观的日期格式，用法如下：

```
from_unixtime（时间戳，'%Y-%m-%d %H：%i：%S'）
```

'%Y-%m-%d %H：%i：%S' 表示将时间戳转换成“年 - 月 - 日 时：分：秒”格式，若只需要日期（年、月、日），则可以设置为 '%Y-%m-%d'，即：

```
from_unixtime（时间戳，'%Y-%m-%d'）
```

另外，需要注意的是，from_unixtime() 函数只对 10 位数字的时间戳有效，而本数据中的时间戳有 13 位数字，所以需要先将 13 位数字的时间戳转换成 10 位数字的时间戳。在此，我们使用字符串截取函数 substring() 将 13 位数字的时间戳转换成 10 位数字的时间戳。

substring() 函数为字符串截取函数，可以从字符串指定位置提取指定长度的子字符串。用法如下：

```
substring（字符串，position，length）
```

position 指定从字符串哪个位置开始提取子字符串；length 指定提取的子字符串的长度。

将 13 位数字的时间戳转换成 10 位数字的时间戳即是：从时间戳第 1 位数字开始截取，截取 10 位数字。SQL 语句的书写方法如下：

```
substring（13 位数字的时间戳，1，10）
```

将 substring() 函数与 from_unixtime() 函数结合起来，SQL 语句的书写方法如下：

```
from_unixtime（substring（13 位数字的时间戳，1，10），'%Y-%m-%d'）
```

如图 8.42 所示。

图 8.42 转换时间戳格式

将上面转换日期的函数分别代入“会话时间戳”和“首次登录时间戳”，可以得到会话日期、首次登录日期，SQL 语句的书写方法如下：

```
from_unixtime（substring（会话时间戳，1，10），'%Y-%m-%d'） as 会话日期
from_unixtime（substring（首次登录时间戳，1，10），'%Y-%m-%d'） as 首次登录日期；
```

由于后面的查询都需要使用转换后的会话日期和首次登录日期，所以，我们通过创建视图

建立“玩家行为虚拟表”，这样，后面进行查询时直接从虚拟表取数即可，无须每次都进行时间戳的转换。

SQL 语句的书写方法如下：

```
create view 玩家行为虚拟表 as
select 用户 ID,
       from_unixtime（substring（会话时间戳，1，10），'%Y-%m-%d'） as
       会话日期,
       会话持续时间（ms），
       事件名称,
        from_unixtime（substring（首次登录时间戳，1，10），'%Y-%m-%d'）
as 首次登录日期
from 玩家行为记录表;
```

查询结果如表 8.71 所示。

表 8.71　玩家行为虚拟表

用户 ID	会话日期	会话持续时间（ms）	事件名称	首次登录日期
937d1c2de43598944	2021-08-18	987849	Game_Shop	2021-08-18
937d1c2de43598944	2021-08-18	81939	Game_BoxOpen	2021-08-18
937d1c2de43598944	2021-08-18	349470	Ads_Show_Success	2021-08-18
952f15e19e0169630	2021-08-18	667609	Game_Boxes	2021-08-18
952f15e19e0169630	2021-08-18	302256	Game_Skill03	2021-08-18
952f15e19e0169630	2021-08-18	302256	Ads_Show_Success	2021-08-18
952f15e19e0169630	2021-08-18	36300	Player	2021-08-18
a7c31587c54249aff	2021-08-18	820580	Game_Merge	2021-08-18
a7c31587c54249aff	2021-08-18	0	Flurry.EmptySession	2021-08-18
…	…	…	…	…

（2）区分新、老用户。

- 新用户：指当日首次登录的用户。
- 老用户：指在当日之前就登录过且当日再次登录的用户。

当日的活跃用户数 = 当日的新用户数 + 当日的老用户数，如图 8.43 所示。

图 8.43　新、老用户区分

对表 8.71 所示的“玩家行为虚拟表”中的“会话日期”和“首次登录日期”两个字段进行判断就可区分新、老用户。也就是说，当会话日期 = 首次登录日期时，查询出的用户为新用户，反之则为老用户。

计算每日新用户数，需要用到分组汇总，按“会话日期”分组，然后对“用户 ID”计数（计数时要去掉重复数据）。计算新用户数的 SQL 语句的书写方法如下：

```
select 会话日期 as 日期,
       count（distinct 用户 ID） as 新用户数
from 玩家行为虚拟表
where 会话日期 = 首次登录日期
group by 会话日期
order by 会话日期 asc;
```

计算老用户数的 SQL 语句的书写方法如下：

```
select 会话日期 as 日期,
       count（distinct 用户 ID） as 新用户数
from 玩家行为虚拟表
where 会话日期 != 首次登录日期
group by 会话日期
order by 会话日期 asc;
```

查询结果表 8.72 所示。

表 8.72　新、老用户数查询结果

日期	新用户数
2021-08-18	172
2021-08-19	205
2021-08-20	125
2021-08-21	97
2021-08-22	106
2021-08-23	119

日期	老用户数
2021-08-18	128
2021-08-19	162
2021-08-20	187
2021-08-21	145
2021-08-22	151
2021-08-23	143

可以发现，将每日的新用户数和老用户数相加正好等于每日的活跃用户数。

（3）计算每日新、老用户的人均日使用时长。

人均日使用时长的计算公式为：人均日使用时长 = 每个用户的日使用时长之和 / 用户数。

因此：

新用户的人均日使用时长 = 每个新用户的日使用时长之和 / 新用户数

老用户的人均日使用时长 = 每个老用户的日使用时长之和 / 老用户数

我们已经计算得出新用户数和老用户数，那每个新、老用户的日使用时长如何计算呢？

我们可以利用表 8.71 所示的“玩家行为虚拟表”中的“会话持续时间”进行计算。

“会话持续时间”是用户启动 App 后每一次会话持续的时长，每个用户的日使用时长则为用户一天中所有会话持续的时长之和，即“会话持续时间”之和（注意：每一次会话会记录用户触发的多次事件，因此“会话持续时间”字段记录的会话时长存在重复，需要去重）。

计算每个新用户、每天的日使用时长之和，需要用到分组汇总，按“会话日期”分组，然后对“会话持续时间”求和，得到日使用时长。SQL 语句的书写方法如下：

```
# 计算每个新用户的日使用时长
select 会话日期 as 日期，用户 ID as 新用户 ID,
       # 会话持续时间单位为毫秒，除以 1000 再除以 60 可换算成分钟（min）
       sum（distinct 会话持续时间）/1000/60 as 日使用时长之和（min）
from 玩家行为虚拟表
where 会话日期 = 首次登录日期
group by 会话日期，用户 ID
order by 会话日期 asc;
```

计算每个老用户、每天的日使用时长，需要用到分组汇总，按“会话日期”分组，然后对“会话持续时间”求和，得到日使用时长之和。SQL 语句的书写方法如下。

```
select 会话日期 as 日期，用户 ID as 老用户 ID,
       sum（distinct 会话持续时间）/1000/60 as 日使用时长之和（min）
from 玩家行为虚拟表
where 会话日期 != 首次登录日期
group by 会话日期，用户 ID
order by 会话日期 asc;
```

查询结果如表 8.73 所示。

表 8.73　新、老用户日使用时长之和

日期	新用户 ID	日使用时长之和(min)	日期	老用户 ID	日使用时长之和(min)
2021-08-18	06ac1691062783ce0	16.30	2021-08-18	069b17522bb2ef8ff	1.22
2021-08-18	07491298a2bc55867	27.73	2021-08-18	17261c3fa39a2831e	3.18
2021-08-18	041f11cc65b7e4ff9	31.43	2021-08-18	1caa1937fba3d9008	10.55

得到每个新用户的日使用时长之和，就可以用下面公式算出新用户的人均日使用时长：

新用户的人均日使用时长 = 每个新用户的日使用时长之和 / 新用户数

将以上新用户的查询结果的 SQL 语句利用 with...as 语句定义成临时表 a，计算每日的新用户数、人均日使用时长。SQL 语句的书写方法如下：

```
with a as
(select 会话日期 as 日期，用户 ID as 新用户 ID，
       sum（会话持续时间）/1000/60 as 日使用时长之和（min）
from 玩家行为虚拟表
where 会话日期 = 首次登录日期
group by 会话日期，用户 ID
order by 会话日期 asc
)
select 日期，count（新用户 ID） as 新用户数（人），
      sum(日使用时长之和(min))/count(新用户 ID) as 人均日使用时长(min)
from a
group by 日期;
```

同样地，将前面老用户的查询结果的 SQL 语句利用 with...as 语句定义成临时表 b，计算每日的老用户数、人均日使用时长。SQL 语句的书写方法如下：

```
with b as
(select 会话日期 as 日期，用户 ID as 老用户 ID，
       sum（会话持续时间）/1000/60 as 日使用时长之和（min）
from 玩家行为虚拟表
where 会话日期 != 首次登录日期
group by 会话日期，用户 ID
order by 会话日期 asc
)
select 日期，count（老用户 ID） as 老用户数（人），
      sum(日使用时长之和(min))/count(老用户 ID) as 人均日使用时长(min)
from b
group by 日期;
```

查询结果如表 8.74 所示。

表 8.74　人均日使用时长

日期	新用户数（人）	人均日使用时长（min）	日期	老用户数（人）	人均日使用时长（min）
2021-08-18	172	27.36	2021-08-18	128	15.27
2021-08-19	205	33.47	2021-08-19	162	13.68
2021-08-20	125	31.41	2021-08-20	187	11.23
2021-08-21	97	26.59	2021-08-21	145	11.64
2021-08-22	106	25.05	2021-08-22	151	14.58
2021-08-23	119	28.47	2021-08-23	143	11.47

可以看到，新用户的人均日使用时长大于老用户的人均日使用时长，且老用户的人均日使用时长相对稳定。

这说明，老用户的人均日使用时长对整体人均使用时长影响较小，而新用户的人均日使用时长确实会极大地影响整体人均日使用时长，新用户人均日使用时长越短，活跃用户人均日使用时长也越短，如图 8.44 所示。

新用户人均日使用时长

日期	新用户数（人）	人均日使用时长（min）
2021-08-18	172	27.36
2021-08-19	205	33.47
2021-08-20	125	31.41
2021-08-21	97	26.59
2021-08-22	106	25.05
2021-08-23	119	28.47

活跃用户人均日使用时长

日期	活跃用户数（人）	人均日使用时长（min）
2021-08-18	300	22.20
2021-08-19	367	24.73
2021-08-20	312	19.31
2021-08-21	242	17.63
2021-08-22	257	18.90
2021-08-23	262	19.19

新用户人均日使用时长越短，
活跃用户人均日使用时长越短

图 8.44　新用户与活跃用户人均日使用时长

（4）计算每日新、老用户的广告人均展示次数。

广告人均展示次数的计算公式为：广告人均展示次数 = 每个用户的广告展示次数之和 / 用户数，因此，新用户的广告人均展示次数 = 每个新用户的广告展示次数之和 / 新用户数。

如何计算每个新用户的广告展示次数呢？

广告展示成功，则“玩家行为记录表”中的“事件名称”列里的值为“Ads_Show_Success”，广告每展示成功一次则会被记录一次。因此，我们只需要统计每个新用户的“Ads_

Show_Success”事件总次数，便可以求出每个新用户的广告展示次数。

新用户的筛选条件是会话日期 = 首次登录日期，广告展示成功的筛选条件是事件名称 = 'Ads_Show_Success' 。

对筛选出的数据进行分组汇总，按会话日期、用户 ID 分组，然后汇总（计数函数 count（事件名称））就是广告展示次数。

下面是每个新用户的每日广告展示次数，SQL 语句的书写方法如下：

```
select 会话日期 as 日期，用户 ID as 新用户 ID，
       count（事件名称） as 广告展示次数
from 玩家行为虚拟表
where 会话日期 = 首次登录日期 and 事件名称 = 'Ads_Show_Success'
group by 会话日期，用户 ID
order by 会话日期 asc;
```

同样地，老用户的广告人均展示次数 = 每个老用户的广告展示次数之和 / 老用户数。

下面是每个老用户的每日广告展示次数，SQL 语句的书写方法如下：

```
select 会话日期 as 日期，用户 ID as 老用户 ID，
       count（事件名称） as 广告展示次数
from 玩家行为虚拟表
where 会话日期 != 首次登录日期 and 事件名称 = 'Ads_Show_Success'
group by 会话日期，用户 ID
order by 会话日期 asc;
```

查询结果如表 8.75 所示。

表 8.75　新、老用户的每日广告展示次数

日期	新用户 ID	广告展示次数	日期	老用户 ID	广告展示次数
2021-08-18	041f11cc65b7e4ff9	10	2021-08-18	27921900d0a5e4082	13
2021-08-18	0c6a17aba35ef738d	55	2021-08-18	21fa1bbe09559ceb8	6
2021-08-18	2f7e1f23a03d003b2	25	2021-08-18	17261c3fa39a2831e	3

我们先来看一下，新用户的广告人均展示次数 = 每个新用户的广告展示次数之和 / 新用户数。

在以上查询结果的基础上，每个新用户的广告展示次数之和可以用 sum() 函数计算出，即 sum(广告展示次数)。

需要注意的是，计算广告人均展示次数的 SQL 语句与计算人均日使用时长的 SQL 语句不

同，因为 where 语句中不仅进行了新、老用户的筛选，还进一步筛选出了进行“Ads_Show_Success”事件的用户，这将排除未观看广告的用户，使得利用 count(新用户 ID)或 count(老用户 ID) 计算得出的用户数比实际少，如图 8.45 所示。

```
#在两个筛选条件后直接计算新用户数
with a as
(select 会话日期 as 日期,用户ID as 新用户ID
from 玩家行为虚拟表
where 会话日期 = 首次登录日期
and 事件名称 = 'Ads_Show_Success'
group by 会话日期,用户ID
)
select 日期,count(新用户ID) as 新用户数 (人)
from a
group by 日期;
```

查询结果

日期	新用户数(人)		实际新用户数(人)
2021-08-18	127	<	172
2021-08-19	160	<	205
2021-08-20	96	<	125
2021-08-21	74	<	97
2021-08-22	83	<	106
2021-08-23	92	<	119

备注：若计算老用户数，同理。

图 8.45　计算广告人均展示次数的 SQL 语句

因此，新、老用户数需要单独计算。

计算每日新用户数，SQL 语句的书写方法如下：

```
select 会话日期 as 日期, count(distinct 用户 ID) as 新用户数(人)
from 玩家行为虚拟表
where 会话日期 = 首次登录日期
group by 会话日期
order by 会话日期 asc;
```

计算每日老用户数，SQL 语句的书写方法如下：

```
select 会话日期 as 日期, count(distinct 用户 ID) as 新用户数(人)
from 玩家行为虚拟表
where 会话日期 != 首次登录日期
group by 会话日期
order by 会话日期 asc;
```

计算完成后，将前面得到的 SQL 语句使用 with...as 语句封装成临时表（临时表 c 和临时表 d），新用户的广告人均展示次数 = 每个新用户的广告展示次数之和 / 新用户数。

那么，计算每日新用户的广告人均展示次数的 SQL 语句的书写方法如下：

```
with
#将计算每日新用户的广告展示次数的查询语句封装成临时表 c
c as
(select 会话日期 as 日期, 用户 ID as 新用户 ID,
        count(事件名称) as 广告展示次数
from 玩家行为虚拟表
```

```
where 会话日期 = 首次登录日期 and 事件名称 = 'Ads_Show_Success'
group by 会话日期, 用户 ID
order by 会话日期 asc
),
# 将计算每日新用户数的查询语句封装成临时表 d
d as
(select 会话日期 as 日期, count(distinct 用户 ID) as 新用户数(人)
from 玩家行为虚拟表
where 会话日期 = 首次登录日期
group by 会话日期
order by 会话日期 asc
)
select c. 日期, d. 新用户数,
       sum(c. 广告展示次数)/d. 新用户数 as 广告人均展示次数
from c
join d
on c. 日期 = d. 日期
group by c. 日期, d. 新用户数;
```

同样的方式，计算每日老用户的广告人均展示次数，SQL 语句的书写方法如下：

```
with
# 将计算每日老用户的广告展示次数的查询语句封装成临时表 e
e as
(select 会话日期 as 日期, 用户 ID as 老用户 ID,
        count(事件名称) as 广告展示次数
from 玩家行为虚拟表
where 会话日期 != 首次登录日期 and 事件名称 = 'Ads_Show_Success'
group by 会话日期, 用户 ID
order by 会话日期 asc
),
# 将计算每日老用户数的查询语句封装成临时表 f
f as
(select 会话日期 as 日期, count(distinct 用户 ID) as 老用户数(人)
from 玩家行为虚拟表
where 会话日期 != 首次登录日期
group by 会话日期
order by 会话日期 asc
)
select e. 日期, f. 老用户数,
       sum(e. 广告展示次数)/f. 老用户数 as 广告人均展示次数
```

```
from e
join f
on e.日期 = f.日期
group by e.日期, f.老用户数;
```

查询结果如表 8.76 所示。

可以看到，新用户的广告人均展示次数远多于老用户的广告人均展示次数，且老用户的广告人均展示次数相对稳定。这与新、老用户的人均日使用时长之间的对比一致。

表 8.76　每日新、老用户的广告人均展示次数

日期	新用户数（人）	广告人均展示次数	日期	老用户数（人）	广告人均展示次数
2021-08-18	172	16.82	2021-08-18	128	5.17
2021-08-19	205	20.77	2021-08-19	162	6.35
2021-08-20	125	21.05	2021-08-20	187	3.60
2021-08-21	97	15.64	2021-08-21	145	4.14
2021-08-22	106	12.81	2021-08-22	151	4.39
2021-08-23	119	15.82	2021-08-23	143	4.75

这说明，新、老用户的人均日使用时长和广告人均展示次数存在很大区别，活跃用户人均日使用时长和广告人均展示次数主要受新用户的人均日使用时长、广告人均展示次数的影响，如图 8.46 所示。

新用户广告人均展示次数

日期	新用户数（人）	人均日使用时长（min）
2021-08-18	172	16.82
2021-08-19	205	20.77
2021-08-20	125	21.05
2021-08-21	97	15.64
2021-08-22	106	12.81
2021-08-23	119	15.82

活跃用户广告人均展示次数

日期	活跃用户数（人）	人均日使用时长（min）
2021-08-18	300	11.85
2021-08-19	367	14.41
2021-08-20	312	10.59
2021-08-21	242	8.75
2021-08-22	257	7.86
2021-08-23	262	9.77

新用户广告人均展示次数越少，
活跃用户广告人均展示次数越少

图 8.46　新用户与活跃用户广告人均展示次数

至此，我们提出的假设得到了验证，即新用户数的变化使得 2021 年 8 月 18 日至 8 月 23 日广告人均展示次数大幅下降。

那么，为什么新用户数会发生变化呢？

与相关投放人员沟通后，发现该游戏 App 90% 的新用户来自广告推广。2021 年 8 月 18 日至 8 月 23 日通过广告推广来的新用户数发生了变化，说明推广的目标人群发生了变化。

也就是说，推广的目标人群发生了变化，使得新用户数下降，从而使 2021 年 8 月 18 日至 8 月 23 日广告人均展示次数大幅下降。

8.8.3　提出建议

经过上面的分析，我们已经知道 8 月 18 日至 8 月 23 日广告人均展示次数大幅下降的原因是这几天的新用户数发生了变化，而新用户数发生变化是因为推广的目标人群发生了变化，因此我们建议推广部门调整推广策略。

我们将分析结果反馈给推广部门，并建议调整推广策略。随后，该部门工作人员采纳了建议，从 8 月 24 日开始对推广策略进行了调整。

调整后，我们再跟踪几天数据，观察广告人均展示次数是否有提升。跟踪得到的数据如图 8.47 所示。

总体数据表

日期	新增用户数（人）	活跃用户数（人）	人均日使用时长（min）	广告人均展示次数	广告 ECPM	广告收益（元）
2021-08-18	172	300	22.20	11.85	62.78	223
2021-08-19	205	367	24.73	14.41	60.52	320
2021-08-20	125	312	19.31	10.59	61.00	201
2021-08-21	97	242	17.63	8.75	63.43	134
2021-08-22	106	257	18.90	7.86	62.65	125
2021-08-23	119	262	19.19	9.77	61.78	158
2021-08-24	171	306	27.39	15.02	62.42	287
2021-08-25	181	335	28.24	15.76	60.98	322
2021-08-26	216	397	31.48	16.34	63.01	409

图 8.47　整体数据追踪

可以发现，推广策略调整后，人均日使用时长和广告人均展示次数得到了提升，广告收益增多。